U0337733

安徽高校自然科学研究项目（KJ2018ZD012）资助

芜湖市科技计划产学研合作项目（2015cxy07）资助

季铵阳离子-烯烷基琥珀酸酯油水 两亲性淀粉浆料的制备与性能研究

徐珍珍　著

中国矿业大学出版社

·徐州·

内 容 提 要

本书从油水两亲性淀粉设计入手,在淀粉大分子链上同时引入亲水性的季铵阳离子基团和亲油性的烯烷基琥珀酸酯基,制备了一系列油水两亲性变性淀粉,探讨了作为亲油性基团的烯烷基琥珀酸酯基团结构、油水两亲性官能团摩尔比值以及油水两亲性变性程度对变性淀粉的浆液性能、黏附性能和浆膜性能的影响,评价了季铵阳离子-烯烷基琥珀酸酯油水两亲性变性淀粉浆料的上浆性能,并在浆纱生产中考察了该变性淀粉浆料取代 PVA 的浆纱效果。

本书可供相关专业的研究人员借鉴、参考,也可供广大教师教学和学生学习使用。

图书在版编目(CIP)数据

季铵阳离子-烯烷基琥珀酸酯油水两亲性淀粉浆料的
制备与性能研究 / 徐珍珍著. — 徐州 :中国矿业大学
出版社,2021.9
  ISBN 978 - 7 - 5646 - 5101 - 5

Ⅰ.①季… Ⅱ.①徐… Ⅲ.①淀粉浆料—制备②淀粉
浆料—性能分析 Ⅳ.①TS103.84

中国版本图书馆 CIP 数据核字(2021)第165675号

书　　名	季铵阳离子-烯烷基琥珀酸酯油水两亲性淀粉浆料的制备与性能研究
著　　者	徐珍珍
责任编辑	何晓明
出版发行	中国矿业大学出版社有限责任公司
	(江苏省徐州市解放南路　邮编221008)
营销热线	(0516)83884103　83885105
出版服务	(0516)83995789　83884920
网　　址	http://www.cumtp.com　E-mail:cumtpvip@cumtp.com
印　　刷	江苏凤凰数码印务有限公司
开　　本	787 mm×1092 mm　1/16　印张 7.75　字数 150 千字
版次印次	2021 年 9 月第 1 版　2021 年 9 月第 1 次印刷
定　　价	42.00 元

(图书出现印装质量问题,本社负责调换)

前　　言

淀粉作为纺织上浆材料,有着悠久的使用历史。但是,原淀粉本身结构上的缺陷,导致其对合成纤维的黏附性能较差、浆膜脆且硬,为了改善淀粉浆料的使用性能,常常采用对淀粉改性的方法提高淀粉的上浆性能。本书从油水两亲性淀粉设计入手,在淀粉大分子链上同时引入亲水性的季铵阳离子基团和亲油性的烯烷基琥珀酸酯基,制备了一系列油水两亲性变性淀粉,探讨了作为亲油性基团的烯烷基琥珀酸酯基团结构、油水两亲性官能团摩尔比值以及油水两亲性变性程度对变性淀粉的浆液性能、黏附性能和浆膜性能的影响,评价了季铵阳离子-烯烷基琥珀酸酯油水两亲性变性淀粉浆料的上浆性能,并在浆纱生产中考察了该变性淀粉浆料取代PVA的浆纱效果。

（1）对引入的亲油性基团进行了选择。以辛烯基琥珀酸酯基、十二烯基琥珀酸酯基和十八烯基琥珀酸酯基等三种烯烷基琥珀酸酯基为研究对象,在淀粉大分子链上同时引入这三种酯基和季铵阳离子基团,制备一系列油水两亲性淀粉,研究不同碳链长度的烯烷基琥珀酸酯基对淀粉油水两亲性的影响。研究结果表明:在季铵阳离子基团取代度不变的情况下,随着烯烷基琥珀酸酯基碳链长度的减小,淀粉的黏度增大,黏度热稳定性提高;淀粉对棉纤维和涤纶纤维的黏合强度增大,淀粉浆膜的力学性能得到改善,浆膜的磨耗减小。在具有同一亲油性取代基基团结构的油水两亲性淀粉中,烯烷基琥珀酸酯基取代度较大时,淀粉浆液的表面张力较小,该淀粉浆料对纤维的黏附性能较好。对淀粉进行油水两亲化改性,引入的亲油性取代基基团以碳链长度较短的辛烯基琥珀酸酯基最佳。

（2）研究了油水两亲性官能团摩尔比值对变性淀粉性能的影响。通过改变亲水亲油取代基的试剂用量，设计并制备一系列不同油水两亲性官能团摩尔比值的季铵阳离子-辛烯基琥珀酸酯淀粉，考察不同油水两亲性官能团摩尔比值的变性淀粉对浆液性能、黏附性能、浆膜性能和生物降解性的影响，确定适宜的油水两亲性官能团摩尔比值范围。研究结果表明：在淀粉大分子链上同时引入亲水性的季铵阳离子基团和亲油性的辛烯基琥珀酸酯基，所制备的变性淀粉具备油水两亲性的特征。这种油水两亲性的改性方法有效地改善了淀粉的黏附性能和浆膜性能，这些性能随着油水两亲性官能团摩尔比值的变化而变化。随着亲油性取代基占总取代基的摩尔百分比 P_o 的增大，油水两亲性淀粉的黏度逐渐减小，黏度热稳定性也随之降低；油水两亲性淀粉浆液的表面张力先减小后增大，对棉纤维和涤纶纤维的黏合强度先增大后减小。当 P_o 为 70.6％时，油水两亲性淀粉浆液对纤维的黏合强度达到最大值。与酸解淀粉浆膜相比，经季铵阳离子基团和辛烯基琥珀酸酯基改性后的淀粉浆膜的结晶度降低，浆膜的柔韧性变好。随着 P_o 的增大，该油水两亲性淀粉的断裂伸长率和断裂功先增大后减小；与酸解淀粉相比较，该油水两亲性淀粉浆膜的水溶时间缩短，膨润率增大，有利于淀粉浆料退浆。当 P_o 为 52％时，该油水两亲性淀粉浆膜的断裂伸长率和断裂功达到最大值。综合考虑淀粉浆料的上述性能，对淀粉进行油水两亲性改性时，引入的油水两亲性官能团摩尔比值在 50％～70％之间为宜。

（3）研究了油水两亲性变性程度对淀粉性能的影响。在一定的油水两亲性官能团摩尔比值下，考察油水两亲性变性程度对季铵阳离子-辛烯基琥珀酸酯淀粉上浆性能的影响，以 BOD_5/COD 值分析了变性程度对淀粉生物降解性的影响，确定适宜的季铵阳离子-辛烯基琥珀酸酯淀粉油水两亲性变性程度范围。研究结果表明：随着油水两亲性变性程度的增大,亲水性取代基和亲油性取代基的反应效率均降低,当亲油性取代基取代度超过 0.036 时,反应效率降低显著;随着变性程度的增大,该淀粉浆液的表面张力降低,淀粉浆液对棉纤维和涤纶纤维的黏合强度均增大,当变性程度大于 0.051时,随着变性程度的增大,该淀粉浆液对纤维的黏合强度不再明显增大;随着变性程度的增大,该淀粉浆膜的断裂伸长率和断裂功增加,浆膜的水溶时间减小,膨润率增大。当变性程度大于 0.051 时,淀粉浆膜的耐磨性和耐屈曲性改善幅度下降。对淀粉进行季铵阳离子-辛烯基琥珀酸酯基油水两亲性改性,淀粉的生物降解性下降,当变性程度大于 0.051 时,BOD_5/COD 值小于 0.3,淀粉从可生物降解变成不易生物降解。综合考虑油水两亲性变性程度对淀粉浆料性能的影响,季铵阳离子-辛烯基琥珀酸酯油水两亲性淀粉的变性程度在 0.026～0.051 之间为宜。

(4)研究了油水两亲性淀粉的上浆性能。通过对涤/棉为 65/35的混纺纱进行上浆实验,考察了浆纱的增强率、减伸率、毛羽降低率和增磨率,测试了该淀粉的退浆效率,评价了油水两亲性变性淀粉的上浆性能。研究结果表明:油水两亲化改性能够显著提高淀粉对涤/棉混纺纱的浆纱性能,浆纱的增强率、增磨率和毛羽降低率高,减伸率低,退浆效率高。由此可见,这种油水两亲性变性淀粉浆料在涤/棉上浆中的应用是可行的。

(5)研究了油水两亲性淀粉的浆纱生产应用。在工厂实际生产环境下对季铵阳离子-辛烯基琥珀酸酯油水两亲性淀粉进行了中试生产,并应用于涤/棉品种取代 PVA 的浆纱生产之中。生产实践结果表明:油水两亲性淀粉中试生产稳定顺利,这种淀粉变性方法及其生产工艺可以产业化。采用油水两亲性变性淀粉取代 PVA 浆纱,该品种的织机效率提高了 2.1 个百分点,浆纱成本降低了 0.03元/m。

本书的主要研究工作是在著者博士学习阶段完成的,得到了江南大学纺织服装学院祝志峰教授等多位专家、学者的支持和帮助。同时感谢合肥塞夫特淀粉有限公司对本研究提供的支持,感谢安徽高校自然科学研究项目(KJ2018ZD012)、芜湖市科技计划产学研合作项目(2015cxy07)对本书的资助。

　　由于水平有限,书中难免存在疏漏和不妥之处,恳请广大读者批评指正。

著　者

2021 年 3 月

目　　录

第1章 绪 论

1.1 纺织浆纱工程

在纺织产品的加工过程中,经纱上浆是纺织工业一道十分关键的工序,被业内称为"老虎口"[1]。除了股线、强捻丝、变形丝、单纤丝和网络丝以外,其他短纤纱和长丝的经纱在织造前都必须经过浆纱加工[2]。

经纱在织机梭口经过织造形成织物,从经纱退绕到织造完成的过程中,经纱会受到上千次的拉伸、弯曲和摩擦等反复机械作用。经纺纱工序加工而成的原纱,裸露在表面的毛羽较多,毛羽经摩擦后纠缠在一起,可能形成毛球,在织造时导致开口不清,纬纱的梭子无法穿行,形成织物疵点。同时,纤维游离,纱线解体,造成经纱断裂,导致织造加工无法顺利进行[2]。

近年来,随着纤维材料品种的日新月异、织造设备的更新换代,无梭织机的高速运行,高经纱张力织造,大幅宽和高密机织物的开发,产业用机织物的推广,新型纤维、复合纤维产品的开发等,要求浆纱工程的质量更高,因此,在纺织行业内,浆纱工程一直有着重要的地位[3]。

在经纱上浆的过程中,浆液被覆在经纱表面的同时向经纱内部渗透。经纱上浆后,浆液在纱体表面形成均匀的一层薄膜,原先的毛羽有效贴伏,纱体表面光滑,纱线的耐磨性提高[4]。同时,渗透到经纱内部的浆液,可以加强纤维之间的黏合,经纱的物理机械性能得到改善[5]。纺织浆纱工程的主要目的在于提高经纱抵抗后续复杂机械作用的能力,增强经纱的可织性,保证织造加工质量和效率。

1.2 淀粉浆料

浆料是指纺织浆纱工程使用的原材料,由黏合剂和助剂组成。在浆纱工程中,黏合剂通过自身的黏附性能,改善经纱的毛羽,增加纱线强力,减少纱线断头,提高织机效率和产品质量。为了满足经纱上浆的要求,浆料需要具备下列性能:良好的黏合能力,能提高经纱强度,贴伏表面毛羽;良好成膜性,良好的浆膜强度、弹性和耐磨性;适当的黏度,浆液不仅能较好地在经纱表面被覆,还能渗透到经纱内部,在纤维之间形成黏合;良好的黏度热稳定性;与其他浆料组分有良好的混溶性;浆液在使用过程中不起泡沫、不易变质、不易沉淀,没有异味;较好的退浆性能和生物可降解性;较高的性价比。

浆料是一种专用助剂材料,在纺织加工工序中必不可少,浆料的使用能保证织造生产正常进行,浆料性能的好坏和正确使用与否,能直接影响织物的生产质量和加工效率。对于纺织生产而言,浆料是排在纤维原料后的第二大原材料,因此,受到行业内的高度重视。目前,淀粉、聚乙烯醇、丙烯酸类浆料是三类常用的浆料,其中淀粉在浆料中占主体地位,占总量的70%以上[6]。

淀粉是一种多糖类的天然高分子化合物,分子式为$(C_6H_{10}O_5)_n$,由脱水葡萄糖剩基经缩聚而成,聚合度n在200～6 000之间[7-8]。根据大分子不同的缩聚方式,淀粉大分子有直链和支链两种结构形式[9],其分子结构如图1-1所示,其中支链淀粉占大多数。

淀粉作为浆料使用的历史悠久,早在我国元朝时期,已有记载纱线过一遍小麦淀粉糊后结实耐用,此即为早期的上浆。据国外资料记载,在1804年已出现使用糊精作为纱线的增强剂。

淀粉的种类很多,但由于受到来源的制约,实际上在工业中应用的品种并不是很多,工业应用的主要淀粉品种为玉米淀粉、马铃薯淀粉、小麦淀粉、木薯淀粉等。玉米的产量高,受种植条件的限制少,种植区域广,特别是玉米具有淀粉含量高、淀粉黏度较稳定的优点,所以玉米淀粉在工业中被广泛应用。

淀粉大分子由于含有的羟基数量多,分子极性表现较强,氢键的缔合力及分子间作用力都较大,因此在淀粉作为上浆剂使用时,对极性较强的纤维如棉纤维来说,具有较高的黏合强度,但对于疏水性纤维如合成纤维来说,其黏附力较差[10]。同时,由于淀粉大分子的柔顺性差,因此由淀粉形成的薄膜硬而脆,难以很好地满足经纱上浆的要求[11-12]。以玉米淀粉、马铃薯淀粉等为原料,通过物理或化学等手段,对原淀粉进行一系列的改性处理,使得原淀粉的某些性能发生明显的变化,用这些加工方法制备出的变性淀粉在造纸工业、纺织加工、食品生产、医药、日用化工产品等多个领域被广泛地采用[13-18]。在纺

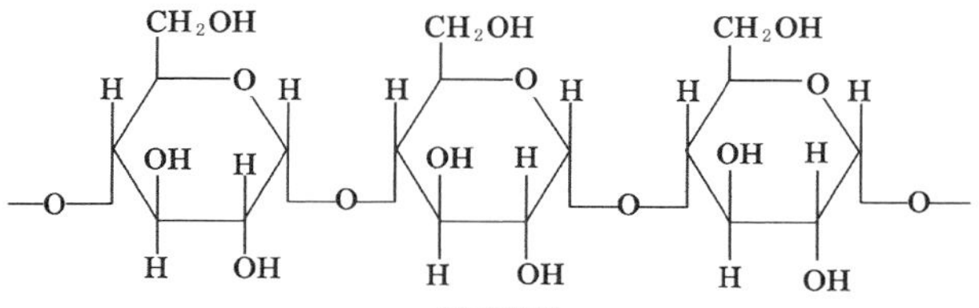

图 1-1 淀粉大分子结构图

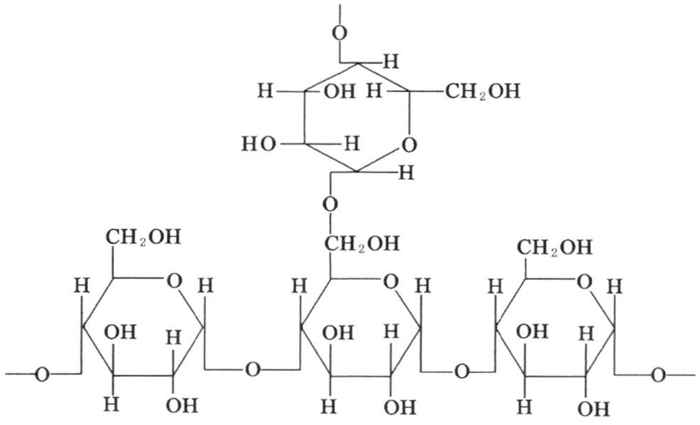

织上浆剂使用上,根据浆料的要求对原淀粉进行有针对性的改性,满足浆料使用要求,主要分为以下三个阶段[19]。

第一代变性淀粉即转化淀粉,包含以下几种:① 糊精[20],用加热或者加热与化学催化剂联合作用而制成的一类变性淀粉。糊精在早期就作为上浆剂被纺织加工所应用,主要是生产低支棉纱和麻纱织物,产品档次不高。又因为糊精上浆的上浆率高,织出的织物手感粗糙,在生产过程中落浆较多,综合上浆效果不理想,目前已基本不再使用。② 酸解淀粉[21-24],是用湿法加工而成的,将无机酸溶液加入淀粉乳液中,在一定条件下发生反应,酸的作用使得淀粉大分子断裂,降低了淀粉大分子的聚合度。由于酸解淀粉浆液的黏度明显小于原淀粉,导致淀粉液体流动性变好,因此酸解淀粉一度在纺织上浆上应用较多。但由于其化学结构基本与原淀粉保持不变,大分子的柔顺性较差,玻璃化温度仍然很高,浆膜硬而脆。近年来,酸解淀粉被作为混合浆的一部分,混用比在 $10\%\sim40\%$ 之间,应用于混纺纱上浆中。③ 氧化淀粉[25-28],是淀粉大分子在强氧化剂的作用下,甙键断裂生成醛基和羧基而制成的。氧化淀粉的浆液对亲水性纤维的黏附性和浆膜性能均比酸解淀粉好,因此,氧化淀粉被纺织厂广为接受,应用于纯棉上浆和高支高密纯棉、苎麻等纱线上浆的混合浆中。

第二代变性淀粉主要包含以下几种:① 交联淀粉[29-32],由淀粉与多官能团试剂发生反应制得,交联淀粉的黏度热稳定性和耐热性好。在经纱上浆中,使用低交联度的交联淀粉对苎麻纱和低支棉纱上浆。交联淀粉还被用于与低黏、流动性好的合成浆料配合使用,对混纺纱上浆能获得比较好的使用效果。② 酯化淀粉[33-36],是用有机酸或无机酸将淀粉分子中的羟基酯化而来。在经纱上浆中,使用的主要是磷酸酯淀粉和醋酸酯淀粉等。经醋酸酯化改性后的淀粉,由于含有疏水性酯基,增强了其对疏水性合成纤维的黏附性,酯化淀粉浆液的黏度稳定性较好,浆膜比原淀粉柔韧,因此可广泛应用于纯纺或混纺纱的浆纱。③ 醚化淀粉[37-40],是淀粉大分子中的羟基与卤代烃或环氧等醚化剂反应制得的淀粉醚化合物。羧甲基淀粉、羟乙基淀粉等在浆纱中常被用到。④ 阳离子淀粉[41-47],是淀粉与阳离子试剂反应制得的,阳离子淀粉的上浆性能较优良。

第三代变性淀粉主要是指接枝淀粉[48-51],是将接枝单体引入淀粉大分子链上得到的化学改性淀粉,兼具淀粉和键接高聚物的性能。在接枝单体的选择上,通常要求接枝单体的结构与纤维相接近,以此来改善淀粉的黏附性和成膜性。在实际应用中,接枝淀粉常被用于涤/棉混纺纱的上浆,能够部分取代PVA。然而,接枝淀粉因其接枝工艺的复杂性,成本较高,只能部分取代PVA而并非全部取代,其上浆性能还需进一步提高,对接枝共聚反应中的关键技术还有待进一步探讨,仍需做大量的基础研究工作。

1.3 油水两亲性淀粉

油水两亲性淀粉是在淀粉大分子链上同时引入亲水性基团和亲油性基团而产生的淀粉衍生物。淀粉本身就是亲水性的高分子链结构,在淀粉大分子链上再引入亲水基团和亲油基团,可以使得淀粉分子具备油水两亲性的结构,这种结构的淀粉将是一类典型的表面活性剂[52-54]。淀粉的油水两亲化改性使其具有了许多新的性能,在生物医药、食品、污水处理、石油等领域中广泛应用[55-56]。

1.3.1　引入亲水性取代基技术

在淀粉大分子链中引入的亲水性取代基主要包括羧甲基、阳离子基团等。

羧甲基淀粉是淀粉与一氯醋酸在碱性条件下,羧甲基取代葡萄糖单位中的醇羟基而生成的一种阴离子淀粉醚。羧甲基淀粉[57]首次研制成功是在1924年,1942年Schrodt申请了专利[58]。羧甲基淀粉黏度高、稳定性好,并且具有良好的保水性、渗透性和乳化性,在食品工业、医药工业、石油工业、纺织工业、造纸工业、日化工业以及污水处理等领域广泛应用[59]。

田树田等[60]利用水相制备羧甲基玉米淀粉,探讨了不同反应条件对淀粉羧甲基化过程的影响,优化了氢氧化钠用量、酸化时间、一氯醋酸用量、固液比、反应时间、温度等反应参数。研究结果表明,在一定时间范围内,对淀粉进行酸化有利于提高反应取代度。

张淑芬等[61-62]研究了高取代度羧甲基淀粉的制备工艺及应用性能,取代度大于0.5的CMS在印花糊料方面应用效果较好,在油田钻井泥浆方面取代度大于0.4的CMS较好。

Heinze等[63]研究了不同媒介下制备高取代度CMS的反应条件,主要媒介有异丙醇、乙醇和甲醇。

Qiu等[64]以乙醇为溶剂制备了羧甲基木薯淀粉,在冷冻-熔化稳定性方面,羧甲基木薯淀粉比原木薯淀粉优良。

Zhang等[65]的研究结果表明,羧甲基淀粉糊在抗酸碱性、稳定性等方面均比价格昂贵的海藻酸钠好。

祝志峰等[66]研究了低取代度羧甲基淀粉在浆纱中的应用。研究结果表明,淀粉羧甲基化变性有利于提高其黏附性能,黏附强度受变性程度的影响明显,在取代度为0.017时最大。

阳离子淀粉的研究上以季铵阳离子淀粉为代表,其综合性能优越,因而被列为阳离子淀粉的研究重点[67-69]。阳离子淀粉自带正电荷,所以对带负电荷的物质亲和能力强,被广泛应用在造纸、纺织加工、日用化工、石油、污水处理、采矿业等诸多行业[70]。

Gordon等[71]在世界上第一个申请了阳离子淀粉的专利,阳离子淀粉的应用价值开始得到重视,诸多学者投入到对阳离子淀粉制备及其性能的研究之中。

肖华西等[72]研究了季铵型阳离子变性淀粉的制备方法和条件,考察了其黏度和黏度热稳定性。研究发现最佳制备工艺条件为:体系 pH 值为 11,反应时间和温度分别为 5 h 和 50 ℃,醚化剂用量与淀粉投料量比为 1∶4。

张敏等[73]研究了接枝共聚型、酯化型和醚化型三种阳离子淀粉的制备和应用,通过引入不同阳离子化基团结构,来改变其溶解性能和亲水亲油性等。

庞艳龙等[74]研究了干法制备阳离子淀粉的工艺条件对阳离子淀粉取代度和反应效率的影响因素。在质量比为 $m_{NaOH}∶m_{醚化剂}∶m_{淀粉}=5∶18∶50$、反应温度和时间分别为 60 ℃和 5 h 时,反应效率可达 75%,可制备的阳离子淀粉取代度为 0.289。

具本植等[75]对季铵型阳离子淀粉的研究现状做了分析,总结了干法制备阳离子淀粉的优点。

Kweon 等[76]研究了溶剂法制备阳离子淀粉,用甲醇、乙醇、异丙醇等水溶性有机溶剂来抑制淀粉膨化。研究发现反应条件为:淀粉与水溶液质量比为 1∶1、反应温度为 50~55 ℃、反应时间为 1~6 h 时,反应效率高。

Heinze 等[77]采用两种不同的工艺路线制备高取代度阳离子淀粉(取代度可达 1.5),探讨了不同反应条件对淀粉合成的影响,并对结果进行了表征。

Carr 等[78]、Paschall 等[79]均研究了合成阳离子淀粉的工艺路线,优化了 NaOH 与阳离子试剂摩尔比、反应时间和温度、淀粉乳的浓度等工艺条件。

Hebeish 等[80]首先采用 H_2O_2 对玉米淀粉进行氧化预处理,再用阳离子醚化剂将淀粉阳离子化,该阳离子淀粉具有较好的上浆效果,并且氧化淀粉与预氧化阳离子淀粉还可改善织物的染色色牢度。

Krentz 等[81]研究了淀粉的直链和支链结构、阳离子淀粉的变性程度对絮凝效果的影响,得出中等变性程度(取代度为 0.6 左右)的阳离子淀粉脱水效率、成本效益以及生态安全性最好的结论。

章林艳[82]在接枝共聚反应之前,用醚化的方法对淀粉进行预处理,制备出丙烯酸接枝阳离子淀粉,研究了这种淀粉的上浆性能;探讨了使用醚化预处理后,对该接枝淀粉浆纱性能的影响,确定了这种淀粉适宜的接枝率,发现醚化预处理对该淀粉浆纱性能带来一定的积极作用。

于勤[83]研究了阳离子淀粉浆料的制备工艺条件对取代度和反应效率的影响,得出较好的制备工艺,同时研究了取代度与淀粉黏度、阳离子淀粉与部分阴离子物质的混溶性能。

雷岩等[84-85]研究了醚化剂烷基链长对阳离子淀粉上浆性能的影响。研究结果表明,随着烷基链长的增加,淀粉浆液对纤维的黏合强度下降,浆膜的力学性能变差,耐屈曲性、可退浆性和生物降解性均变差。综合考虑,淀粉的阳离子化改性中,醚化剂选用 3-氯-2-羟丙基三甲基氯化铵时,淀粉浆料的上浆性能最好。

综上所述,对于在淀粉大分子链上引入亲水性取代基的研究很多,技术也比较成熟,主要研究集中在制备方法、工艺条件的优化等方面,淀粉结构与性能之间的关系研究还不够深入。在纺织浆纱工程中,羧甲基淀粉高黏度的特性以及制备成本高的局限,限制了其作为主浆料在经纱上浆过程中的应用。单一的阳离子变性淀粉,由于其价格偏高和退浆难的缺陷,也一直未能作为主浆料在经纱上浆中推广使用。取长补短,合理利用阳离子淀粉上浆性能方面的优点开发适用于纺织浆纱工程的新型淀粉浆料,是今后研究的方向和发展趋势。

1.3.2　引入亲油性取代基技术

在淀粉大分子链中引入的亲油性取代基主要有烷基和芳香基团。

烯烷基琥珀酸酯基是近年来研究比较多的淀粉亲油性取代基。由于淀粉本身的亲水特性,引入的烯烷基琥珀酸酯基是亲油性的,所以经过改性的淀粉具有两亲性的特点,因其优异的表面性能而广泛应用于食品、制药、化妆品、纺织和造纸等领域[86-87]。

烯基琥珀酸淀粉酯是通过烯基琥珀酸酐与淀粉进行开环反应酯化得到的。1953 年,Cordon 等[88]申请了该专利,烯基琥珀酸酯淀粉的研究开始受到重视[89-90]。

黄强等[91]对淀粉疏水化处理的研究现状做了分析,对各种烯基琥珀酸淀粉酯的制备方法进行了总结,指出了烯基琥珀酸淀粉酯的优良性能,分析了国内相关产品与国外的差距,提出了在原淀粉选择、生产设备改进方面的建议。

陈均志等[92]研究了水相体系法制备辛烯基琥珀酸淀粉酯,讨论了产品取代度的影响因素,正交实验后得到的最佳工艺参数为:辛烯基琥珀酸酐用量占淀粉干重的 5%,淀粉乳浓度为 30%,体系 pH 值控制在 8.5～9.0 之间,反应温度和时间分别为 30 ℃和 8 h。

石颖[93]在玉米淀粉非晶化处理条件下,加入辛烯基琥珀酸酐,与淀粉发生酯化反应。研究结果表明,对原淀粉的非晶化处理有利于酯化反应,可提高酯化反应效率和产品取代度。

迟惠等[94]讨论了淀粉烯基琥珀酸酯化的方法,在水相弱碱条件下,对十二烯基琥珀酸酐乳化后合成淀粉酯,对淀粉结构进行表征,发现酯化没有破坏原淀粉的结晶结构,淀粉酯的疏水性在水和有机溶剂中明显增加,极性减弱。

Shogren 等[95]研究了辛烯基琥珀酸酯淀粉结构,考察了取代基团的分布情况,揭示了淀粉结构与物理特性之间的关系。

Jyothi 等[96]研究发现低取代度的烯基琥珀酸淀粉酯经酯化变性后,淀粉的溶胀力、糊透明度等性能显著提升。

Bao 等[97]研究了淀粉种类对淀粉酯化后的黏度影响情况,结果发现马铃薯淀粉烯烷基琥珀酸酯化后,没有提高其峰值黏度和热糊黏度,冷糊黏度反而有一定的提高。

祝志峰等[98]先将淀粉辛烯基琥珀酸酯化预处理,再与乙烯基单体接枝共聚。研究结果表明,对于提高接枝效率来说,辛烯基琥珀酸酯化预处理是有益的,同时也改善了其应用性能。

张朝辉等[99-100]制备了一系列辛烯基琥珀酸酯淀粉,研究了其上浆性能。研究结果表明,酯化改性有利于提高淀粉浆料的黏附性和成膜性,酯化变性程度在 0.011~0.031 之间较好,应用制备的辛烯基琥珀酸酯化淀粉进行上浆,与醋酸酯淀粉浆纱相比较,辛烯基琥珀酸淀粉酯的浆纱性能更好。

鲍乐[101]研究了十二烯基琥珀酸酯化淀粉浆料的上浆性能,指出作为纺织浆料使用时,十二烯基琥珀酸酯化变性程度在 0.015~0.031 之间为宜。十二烯基琥珀酸酯化改性,降低了淀粉浆液的表面张力,改善了淀粉浆料的黏附性和成膜性。

综上所述,对亲油性取代基的引入技术,国内外学者进行了诸多的研究,辛烯基琥珀酸酯基和十二烯基琥珀酸酯基的引入技术较成熟,制备的烯基琥珀酸淀粉酯性能优良,应用较广泛。但是对于烯基琥珀酸淀粉酯在纺织浆纱工程中的应用研究还非常有限,特别是引入的烯基琥珀酸酯基结构、引入量导致的表面活性变化等问题。未探究的问题制约了烯基琥珀酸淀粉酯在纺织浆料上的推广使用,因此,对于烯基琥珀酸淀粉酯在纺织浆料中的研究还有不少问题值得我们进一步探讨。

1.3.3 油水两亲性淀粉的研究进展

对淀粉进行油水两亲化改性可以获得更优良的使用性能,因此油水两亲性淀粉的制备和应用研究开始受到重视。

刘灿灿等[102]将淀粉经 OSA 酯化改性后引入了亲水的羧酸基团和亲油的烯基长链,改性后淀粉的具有两亲性,其黏度、透明度、冻融稳定性等理化性质均得到改善,因此常被作为乳化剂、增稠剂、微胶囊壁材等,应用前景广阔。

周雪[103]以木薯淀粉为原料,在不同的酯化和醚化变性顺序条件下,制备了复合改性淀粉,研究了制备的工艺条件、复合改性淀粉的理化特征及其应用。研究发现,醚化和酯化的变性顺序对取代度有很大的影响。

雷欣欣等[104]研究了辛烯基酯化和羟丙基醚化改性后的淀粉表面形态,复合改性提高了淀粉的冻融稳定性和透明度,并且改性后的淀粉易乳化。

李泽华等[105]制备了十二烯基琥珀酸酐-环氧丙烷复合改性淀粉,优化了制备工艺条件。研究结果表明,改性后的淀粉乳化能力、乳化稳定性和冻融稳定性均有明显提高。

鄂东茂[106]制备了 2-羟基-3-丁氧基-丙基两亲性淀粉,优化了制备方法,重点探讨了两亲性淀粉的表面活性,研究了该淀粉对温度和 pH 值的敏感性能。

吕学进[107]以玉米淀粉为原料,两步反应合成具有两亲性的 3-烷氧基-2-羟基丙基羧甲基淀粉,研究了制备工艺条件和淀粉性能。研究结果表明,制备的两亲性淀粉具有与低分子表面活性剂相当的表面活性。

Genest 等[108]研究了用苄基和阳离子对马铃薯淀粉进行改性,制得两亲性淀粉衍生物,考察了该淀粉的黏附性以及淀粉糊的表面张力,将该两亲性淀粉应用于造纸工业的废水处理中,可以有效吸附水中细小颗粒。

Heinze 等[109]表征了苄基羧甲基和苄基羟丙基三甲基铵淀粉,研究了淀粉膜的拉伸性能。研究结果表明,淀粉膜的拉伸性能取决于亲水基团和亲油基团的取代度,在合成过程中可以通过控制无水葡萄糖单元与试剂的摩尔比值来调节。

Genest 等[110]研究了用苄基和羟丙基三甲基铵对马铃薯淀粉进行改性,在不同 NaCl 含量的水溶液中研究淀粉的表面活性和黏度,采用悬滴法测定了两亲性淀粉衍生物的动态表面张力,并将其与粒径和表观电荷密度联系起来,讨论了 Huggins 曲线。该方法是比较两亲性淀粉衍生物不同极性取代基对表面活性影响的有效方法之一。

Bratskaya 等[111]研究了不同取代度的苄基和 2-羟丙基三甲基氯化铵两亲性淀粉衍生物的絮凝性能。研究结果表明,在两亲性淀粉衍生物中适当增加疏水基取代度可以增加絮凝效果、降低絮凝剂用量,但疏水基取代度并非越高越好,有其合适的范围。

总之,对于两亲性淀粉衍生物的研究报道并不多见,两亲性淀粉的应用目前仅在食品、絮凝剂、增稠剂等少数方面,在纺织浆纱工程中未见任何报道,对于两亲性淀粉是否可以作为纺织浆料、上浆性能如何,引入的亲水取代基和亲油取代基之间的平衡程度对淀粉性能的影响,两亲性变性程度对淀粉性能的影响等,有许多基础性的研究需要我们进一步探索。因此,研究油水两亲性淀粉结构与性能之间的关系,构建适合纺织浆纱用的油水两亲性变性淀粉结构,为开发新型高效淀粉浆料打下研究基础,有着非常重要的现实意义。

1.4　本课题的研究目的、意义和内容

1.4.1　本课题的研究目的和意义

随着现代织造技术的发展,高速织机的广泛应用、织物品种的多样化和复杂化等都给经纱上浆质量提出了更高的要求。进一步发挥淀粉在纺织上浆领域的优势和作用,克服淀粉浆料的缺点,提高淀粉的上浆性能,一直是纺织行业迫切的需求。

良好的黏附性能和成膜性能是淀粉成为优质浆料的前提,纵观淀粉浆料的发展历史,最直接有效的方法是对淀粉进行改性。从提高淀粉的黏附性能方面,黏附机理显示相似相容性是影响浆料和纤维之间黏附作用的主要因素;同时,聚合物之间的相互黏附作用与其互容性密切相关,如果两个聚合物极性相同,一般它们的黏附力较高[112]。为了改善淀粉对疏水性合成纤维的黏附性能,希望在淀粉大分子链中引入与合成纤维化学结构相似的基团,以增强淀粉与纤维之间的亲和性。同时,良好的润湿和铺展有利于淀粉与纤维间的黏合作用,而浆液表面张力的大小对其在纤维表面的润湿和铺展有重要影响,表面张力越大越不利于润湿和铺展,具有较小表面张力的浆液有助于润湿和铺

展。从提高淀粉浆膜的性能方面,引入亲水性和疏水性基团,基团的空间位阻作用和浆膜吸附的水都对浆膜产生内增塑,淀粉羟基间的氢键缔合作用被削弱,淀粉分子链的有序排列受到干扰,可以改善淀粉浆膜的柔韧性。

基于以上原因,本书拟设计开发一种全新的变性淀粉浆料,首先从淀粉大分子的结构上考虑,将表面活性剂的概念引入淀粉浆料,通过在淀粉大分子链上同时引入亲水性的季铵阳离子基团和亲油性的烯烷基琥珀酸酯基,使淀粉大分子呈现表面活性剂的典型结构特征,即具备油水两亲性的分子结构。通过调节淀粉大分子亲水亲油的平衡程度和油水两亲性变性程度,降低淀粉浆液的表面张力,提高其水分散性,以利于浆液的润湿和铺展。其次,由于在淀粉分子链上设计引入烯烷基琥珀酸酯基,增强了淀粉胶层与纤维界面的范德华力,减少了界面破坏的可能性,有望提高对涤纶等合成纤维的黏附性能。最后,通过引入阳离子基团和酯基的空间位阻效应[113],干扰淀粉分子间羟基的缔合,亲水性基团的引入可以进一步提高淀粉与水分子的亲和力。因为水是一种增塑剂[114],所以这些因素都有望改善淀粉的浆膜性能。本书探讨的这种油水两亲性淀粉的上浆性能,是首次将油水两亲性淀粉应用于纺织浆料领域,为研究开发新型淀粉浆料提供了一种新思路和新方法。

本书还从淀粉浆料取代 PVA 浆纱方面进行了生产实践。众所周知,取代 PVA 的研究一直是纺织浆料行业的重点,而开发高性能变性淀粉浆料,是淀粉取代 PVA 的一个可行性方法。本书首次将油水两亲性变性淀粉浆料用于取代 PVA 的浆纱生产过程,通过浆料配方对比,考察淀粉取代 PVA 的浆纱实际效果,积极推动在纺织浆纱生产过程中少用甚至不用 PVA,最大限度地减少 PVA 浆料对环保带来的危害,对纺织行业的可持续发展和提升产品的国际竞争力都有着积极的意义。

1.4.2　本课题的研究内容

(1) 烯烷基琥珀酸酯基团选择的研究。在淀粉大分子链上同时引入季铵阳离子和烯烷基琥珀酸酯基,在季铵阳离子取代基取代度不变的条件下,从淀粉浆料的黏附性能和浆膜性能两个方面考察不同碳链长度的烯烷基琥珀酸酯基团结构对淀粉上浆性能的影响,确定合适的季铵阳离子-烯烷基琥珀酸酯淀粉的取代基团,为下一步研究奠定基础。

(2) 季铵阳离子-烯烷基琥珀酸酯淀粉油水两亲性官能团摩尔比值的研

究。引入的油水两亲性官能团摩尔比值决定了油水两亲性淀粉的亲水亲油平衡,而亲水亲油平衡决定了淀粉的表面活性,从而影响淀粉浆料的性能。在给定的变性程度下,通过改变亲水亲油取代基的试剂用量,制备一系列不同油水两亲性官能团摩尔比值的季铵阳离子-烯烷基琥珀酸酯淀粉,对制备的淀粉进行 FTIR 红外光谱、反应效率等表征,并探讨油水两亲性官能团摩尔比值对淀粉的浆液性能、黏附性能、浆膜性能以及生物降解性的影响,考察适合纺织浆料使用的淀粉大分子的亲水亲油平衡程度,确定季铵阳离子-烯烷基琥珀酸酯淀粉合理的油水两亲性官能团摩尔比值范围。

(3)季铵阳离子-烯烷基琥珀酸酯淀粉油水两亲性变性程度的研究。对于变性淀粉来说,变性程度决定了淀粉改性的性能。在给定的油水两亲性官能团摩尔比值下,考察油水两亲性变性程度对季铵阳离子-烯烷基琥珀酸酯淀粉浆液性能、黏附性能、浆膜性能和生物降解性的影响,研究作为纺织浆料使用的油水两亲性变性淀粉适宜的变性程度,确定油水两亲性淀粉合理的变性程度范围。

(4)季铵阳离子-烯烷基琥珀酸酯油水两亲性淀粉浆料上浆性能的研究。根据油水两亲性官能团摩尔比值和油水两亲性变性程度对淀粉上浆性能影响的研究结果,选取浆纱性能最佳的季铵阳离子-烯烷基琥珀酸酯油水两亲性淀粉结构,研究该淀粉浆料的上浆性能,通过考察浆纱的增强率、毛羽降低率、增磨率、减伸率、退浆效率等,来评价油水两亲性淀粉作为纺织上浆剂的使用价值。

(5)季铵阳离子-烯烷基琥珀酸酯油水两亲性淀粉取代 PVA 的浆纱生产实践。为了进一步考察季铵阳离子-烯烷基琥珀酸酯油水两亲性淀粉在浆纱生产实践中的使用效果,在浆料工厂中试条件下,完成两亲性淀粉的产业化制备。采用油水两亲性淀粉取代 PVA 的浆料配方,对涤/棉高支高密品种进行浆纱生产实验,评价油水两亲性淀粉取代 PVA 上浆的实际浆纱效果,为淀粉浆料取代 PVA 上浆的应用提供依据。

参考文献

[1] 周永元.纺织浆料学[M].北京:中国纺织出版社,2004.

[2] 祝志峰.纺织工程化学[M].上海:东华大学出版社,2010.

［3］ 朱苏康,高卫东.机织学[M].北京:中国纺织出版社,2008.

［4］ 宋孝浜.高压上浆的工艺特点及其浆纱效果的研究[D].苏州:苏州大学,2006.

［5］ 陈楠楠.化学引发剂引发接枝变性淀粉的研究[D].苏州:苏州大学,2012.

［6］ 陈丽华,吴少英.纺织浆料的应用与发展[J].天津纺织工学院学报,1999,18(1):100-104.

［7］ WURZBURG O B. Modified starches:properties and uses[M]. New York:CRC Press,1986.

［8］ KAINUMA K J.Starches:chemistry and technology[M].London:Academic Press,1984.

［9］ BERTOLINI A C.Starches:characterization,properties,and applications[M]. New York:CRC Press,2009.

［10］ 祝志峰,周永元,张文赓.涤/棉混纺经纱接枝变性淀粉浆料的单体选择[J].纺织学报,1994,15(2):14-17,3.

［11］ 乔志勇,祝志峰.磷酸酯淀粉/聚丙烯酸酯共混膜的织态结构与性能[J].高分子材料科学与工程,2009,25(8):72-75.

［12］ KAMPEERAPAPPUN P,AHT-ONG D,PENTRAKOON D,et al. Preparation of cassava starch/montmorillonite composite film[J].Carbohydrate polymers,2007,67(2):155-163.

［13］ KIM M,LEE S J.Characteristics of crosslinked potato starch and starch-filled linear low-density polyethylene films[J].Carbohydrate polymers,2002,50(4):331-337.

［14］ REDDY N,YANG Y Q.Citric acid cross-linking of starch films[J]. Food chemistry,2010,118(3):702-711.

［15］ LÓPEZ O V,GARCÍA M A,ZARITZKY N E.Film forming capacity of chemically modified corn starches[J].Carbohydrate polymers,2009,73(4):573-581.

［16］ LAFARGUE D,PONTOIRE B,BULÉON A,et al.Structure and mechanical properties of hydroxypropylated starch films[J].Biomacromolecules,2008,8(12):3950-3958.

［17］ HEBEISH A,RAGHEB A A,REFAI R,et al.Technological evaluation of nitrogen containing starch derivatives as sizing agents[J].Starch-stärke,1994,46(3):109-113.

[18] HASULY M J,TRZASKO P T.Textile warp size:US4758279[P]. 1988-07-19.

[19] 周永元.纺织浆料的现状与发展[J].棉纺织技术,2000,28(7):5-9.

[20] 周永元,祝志峰.一类新型浆料:接枝淀粉[J].纺织导报,1997(3):38-40,42.

[21] MA W P,ROBYT J F.Preparation and characterization of soluble starches having different molecular sizes and composition,by acid hydrolysis in different alcohols[J].Carbohydrate research,1987,166(2):283-297.

[22] ROBYT J F,CHOE J Y,HAHN R S,et al.Acid modification of starch granules in alcohols:effects of temperature,acid concentration,and starch concentration[J].Carbohydrate research,1996,281(2):203-218.

[23] YU J L,WANG S J,JIN F M,et al.The structure of C-type Rhizoma Dioscorea starch granule revealed by acid hydrolysis method[J].Food chemistry,2009,113(2):585-591.

[24] ATICHOKUDOMCHAI N,VARAVINIT S,CHINACHOTI P.A study of ordered structure in acid-modified tapioca starch by ^{13}C CP/MAS solid-state NMR[J].Carbohydrate polymers,2005,58(4):383-389.

[25] SÁNCHEZ-RIVERA M M,MÉNDEZ-MONTEALVO G,NUÑEZ-SANTIAGO C,et al.Physicochemical properties of banana starch oxidized under different conditions[J].Starch-stärke,2009,61(3-4):206-213.

[26] CHÁVEZ-MURILLO C E,WANG Y J,BELLO-PÉREZ L A.Morphological,physicochemical and structural characteristics of oxidized barley and corn starches[J].Starch-stärke,2008,60(11):634-645.

[27] LI J H,VASANTHAN T.Hypochlorite oxidation of field pea starch and its suitability for noodle making using an extrusion cooker[J].Food research international,2003,36(4):381-386.

[28] WANG Y J,WANG L F.Physicochemical properties of common and waxy corn starches oxidized by different levels of sodium hypochlorite [J].Carbohydrate polymers,2003,52(3):207-217.

[29] MAO G J,WANG P,MENG X S,et al.Crosslinking of corn starch with sodium trimetaphosphate in solid state by microwave irradiation[J]. Journal of applied polymer science,2006,102(6):5854-5860.

[30] LUO F X, HUANG Q, FU X, et al. Preparation and characterisation of crosslinked waxy potato starch[J].Food chemistry,2009,115(2):563-568.

[31] DELVAL F,CRINI G,BERTINI S,et al.Preparation,characterization and sorption properties of crosslinked starch-based exchangers[J].Carbohydrate polymers,2005,60(1):67-75.

[32] XU S M,WANG J L,WU R L,et al.Adsorption behaviors of acid and basic dyes on crosslinked amphoteric starch[J].Chemical engineering journal,2006,117(2):161-167.

[33] CUI D P,LIU M Z,LIANG R,et al.Synthesis and optimization of the reaction conditions of starch sulfates in aqueous solution[J].Starch-stärke,2007,59(2):91-98.

[34] CUI D P,LIU M Z,WU L,et al.Synthesis of potato starch sulfate and optimization of the reaction conditions[J].International journal of biological macromolecules,2009,44(3):294-299.

[35] JUNISTIA L,SUGIH A K,MANURUNG R,et al.Experimental and modeling studies on the synthesis and properties of higher fatty esters of corn starch[J].Starch-stärke,2009,61(2):69-80.

[36] SEGURA-CAMPOS M,CHEL-GUERRERO L,BETANCUR-ANCONA D. Synthesis and partial characterization of octenylsuccinic starch from phaseolus lunatus[J].Food hydrocolloids,2008,22(8):1467-1474.

[37] LAWAL O S.Starch hydroxyalkylation:physicochemical properties and enzymatic digestibility of native and hydroxypropylated finger millet (Eleusine coracana) starch[J].Food hydrocolloids,2009,23(2):415-425.

[38] LAWAL O S,LECHNER M D,KULICKE W M.The synthesis conditions,characterizations and thermal degradation studies of an etherified starch from an unconventional source[J].Polymer degradation and stability,2008,93(8):1520-1528.

[39] KHALIL M I,BELIAKOVA M K,ALY A A.Preparation of some

starch ethers using the semi-dry state process[J].Carbohydrate poly-mers,2001,46(3):217-226.

[40] VORWERG W,DIJKSTERHUIS J,BORGHUIS J,et al.Film properties of hydroxypropyl starch[J].Starch-stärke,2004,56(7):297-306.

[41] SU Y T,DU H Y,HUO Y Q,et al.Characterization of cationic starch flocculants synthesized by dry process with ball milling activating method[J].International journal of biological macromolecules,2016, 87:34-40.

[42] WANG Y B,XIE W L.Synthesis of cationic starch with a high degree of substitution in an ionic liquid[J].Carbohydrate polymers,2010,80(4): 1172-1177.

[43] PETERSEN H,RADOSTA S,VORWERG W,et al.Cationic starch ad-sorption onto cellulosic pulp in the presence of other cationic synthetic additives[J].Colloids and surfaces A:physicochemical and engineering aspects,2013,433:1-8.

[44] 祝志峰,周远征.低取代度阳离子淀粉与 PVA 混合浆液的相分离行为研究[J].化学世界,2001(1):24-26,16.

[45] NYSTRÖM R,HEDSTRÖM G,GUSTAFSSON J,et al.Mixtures of cationic starch and anionic polyacrylate used for flocculation of calcium carbonate-influence of electrolytes[J].Colloids and surfaces A:physico-chemical and engineering aspects,2004,234(1-3):85-93.

[46] PAL S,MAL D,SINGH R P.Cationic starch:an effective flocculating agent[J].Carbohydrate polymers,2005,59(4):417-423.

[47] 程哲琼.两类离子化变性淀粉浆料的性能研究[D].无锡:江南大学,2006.

[48] ZHANG X D,LIU W Y,LI X.Synthesis and properties of graft oxida-tion starch sizing agent[J].Journal of applied polymer science,2003,88 (6):1563-1566.

[49] MOSTAFA K M.Synthesis of poly acrylamide-starch and hydrolyzed starch graft copolymers as a size base material for cotton textiles[J]. Polymer degradation and stability,1997,55(2):125-130.

[50] MOSTAFA K,MORSY M S.Modification of carbohydrate polymers via

grafting of methacrylonitrile onto pregelled starch using potassium monoper-sulfate/Fe²⁺ redox pair[J].Polymer international,2004,53(7):885-890.

[51] HEBEISH A,EL-RAFIE M H,HIGAZY A,et al.Synthesis,character-ization and properties of polyacrylamide-starch composites[J].Starch-stärke,1996,48(5):175-179.

[52] BESHEER A,HAUSE G,KRESSLER J,et al. Hydrophobically modified hydroxyethyl starch:synthesis,characterization,and aqueous self-assembly into nano-sized polymeric micelles and vesicles[J].Biomacromolecules,2007,8(2):359-367.

[53] 韩利娟,陈洪,蒋珍菊,等.高分子表面活性剂的研究现状[J].西南石油学院学报(自然科学版),2003,25(4):62-65.

[54] ROSILIO V,ALBRECHT G,BASZKIN A,et al.Surface properties of hydrophobically modified carboxymethylcellulose derivatives.Effect of salt and proteins[J].Colloids and surfaces B:biointerfaces,2000,19(2):163-172.

[55] GAWANDE P V,KAMAT M Y.Purification of aspergillus,sp xylanase by precipitation with an anionic polymer Eudragit S100[J].Process bio-chemistry,1999,34(6-7):577-580.

[56] ZHU Z F,LIN X P,LONG Z,et al.Adhesion,film,and anti-flocculation behavior of amphoteric starch for warp sizing[J]. AATCC review,2008,8(4):38-43.

[57] 毕英慧.羧甲基马铃薯淀粉的制备、反应动力学及性能研究[D].兰州:兰州大学,2009.

[58] 武宗文.淀粉复合变性及浆纱应用性能研究[D].上海:东华大学,2006.

[59] CROGHAN M,MASON W.100 years of food starch innovation[J].Food science and technology today,1998,12(1):17-24.

[60] 田树田,刘亚伟,王恺,等.水相中高取代度低黏度羧甲基淀粉的制备[J].食品科技,2007,32(2):65-69.

[61] 张淑芬,朱维群,杨锦宗.高取代度羧甲基淀粉的合成及应用研究 Ⅰ.高取代度羧甲基淀粉的合成[J].精细化工,1999,16(1):53-56.

[62] 张淑芬,朱维群,杨锦宗.高取代度羧甲基淀粉的合成及应用研究 Ⅱ.高

取代度羧甲基淀粉的应用[J].精细化工,1999,16(4):57-60.

[63] HEINZE T,LIEBERT T,HEINZE U,et al.Starch derivatives of high degree of functionalization 9:carboxymethyl starches[J].Cellulose, 2004,11(2):239-245.

[64] QIU H Y,HE L M.Synthesis and properties study of carboxymethyl cassava starch[J].Polymers for advanced technologies,1999,10(7): 468-472.

[65] ZHANG X D,LIU X,LI W Y.Synthesis and applied properties of car-boxymethyl cornstarch[J].Journal of applied polymer science,2003, 89(11):3016-3020.

[66] 祝志峰,顾国兴,康翠珍.低取代度羧甲基淀粉对纤维黏附性能[J].高分子材料科学与工程,2003,19(4):106-109.

[67] JOUKO K,HENDRIK L,KARI N,et al.A new type of cationic starch product,preparation thereof and its use:20010936487[P].2001-05-23.

[68] GRANO H,YLI-KAUHALUOMA J,SUORTTI T,et al.Preparation of starch betainate:a novel cationic starch derivative[J].Carbohydrate polymers,2000,41(3):277-283.

[69] 李婉,具本植,张淑芬,等.阳离子型淀粉絮凝剂研究进展[J].染料与染色,2016,53(6):57-60.

[70] 张友松.变性淀粉生产与应用手册[M].北京:中国轻工业出版社,1999.

[71] GORDON C C,WURZBURG O B.Ungelatinized tertiary amino alkyl ethers of amylaceous materials:US2813093[P].1957-11-12.

[72] 肖华西,吴卫国,夏新剑.制备季铵型阳离子变性淀粉的方法及取代度的测定[J].中国酿造,2007,26(3):66-69.

[73] 张敏,张淑芬,具本植,等.阳离子化淀粉的制备方法及其应用[J].现代化工,2006,26(2):67-70.

[74] 庞艳龙,张占柱,于志财.干法合成阳离子淀粉的研究[J].造纸化学品,2007,19(1):17-19.

[75] 具本植,张淑芬,杨锦宗.阳离子淀粉干法制备研究进展[J].精细化工,2001,18(1):46-49.

[76] KWEON M R,SOSULSKI F W,BHIRUD P R.Cationization of waxy

and normal corn and barley starches by an aqueous alcohol process[J].
Starch-stärke,1997,49(2):59-66.

[77] HEINZE T,HAACK V,RENSING S.Starch derivatives of high degree
of functionalization.7.preparation of cationic 2-hydroxypropyltrimethyl-
ammonium chloride starches[J].Starch-stärke,2004,56(7):288-296.

[78] CARR M E,BAGBY M O.Preparation of cationic starch ether:a
reaction efficiency study[J].Starch-stärke,1981,33(9):310-312.

[79] PASCHALL E F,THAYER F D,MINKEMA W H.Process for prepar-
ing methylol starch propionamide:US19590814133[P].1959-05-19.

[80] HEBEISH A,ABDEL-RAHMAN A,EL-HILW Z,et al.Cationized
starch derived from pre-oxidized starch for textile sizing and printing
[J].Starch-stärke,2005,57(12):616-623.

[81] KRENTZ D O,LOHMANN C,SCHWARZ S,et al.Properties and floc-
culation efficiency of highly cationized starch derivatives[J].Starch-
stärke,2006,58(3-4):161-169.

[82] 章林艳.CHPTMA 季铵阳离子化预处理型接枝淀粉浆料的研究[D].无
锡:江南大学,2015.

[83] 于勤.阳离子淀粉浆料的制备及其上浆性能研究[D].无锡:江南大
学,2005.

[84] 雷岩,祝志峰.取代基的烷基链长对季铵阳离子淀粉浆膜性能的影响[J].
东华大学学报(自然科学版),2015,41(5):625-630.

[85] ZHU Z F,LEI Y.Effect of chain length of the alkyl in quaternary am-
monium substituents on the adhesion-to-fiber,aerobic biodegradation,
and desizability of quaternized cornstarch[J].Journal of adhesion
science and technology,2015,29(2):116-132.

[86] RAJAN A,SUDHA J D,ABRAHAM T E.Enzymatic modification of
cassava starch by fungal lipase[J].Industrial crops and products,2009,
27(1):50-59.

[87] 朱洪法.精细化工产品配方与制造:第三册[M].北京:金盾出版社,1996.

[88] GORDON C C,WURZBURG O B.Polysaccharide derivatives of substi-
tuted dicarboxylic acids:US2661349[P].1953-12-01.

[89] JEON Y S,LOWELL A V,GROSS R A.Studies of starch esterification:reactions with alkenylsuccinates in aqueous slurry systems[J].Starch-stärke,1999,51(2-3):90-93.

[90] PARK S,CHUNG M G,YOO B.Effect of octenylsuccinylation on rheological properties of corn starch pastes[J].Starch-stärke,2004,56(9):399-406.

[91] 黄强,李琳,罗发兴.淀粉疏水改性研究进展[J].粮食与饲料工业,2006(4):28-29.

[92] 陈均志,银鹏.辛烯基琥珀酸淀粉酯的制备研究[J].食品工业科技,2003,24(10):128-130.

[93] 石颖.低黏度辛烯基琥珀酸淀粉酯的制备及应用研究[D].大连:大连工业大学,2012.

[94] 迟惠,薛冬桦,邝志国,等.十二烯基琥珀酸淀粉酯的制备与结构的研究[C]//中国化学会第二十五届学术年会论文集.长春,2006:406.

[95] SHOGREN R L,VISWANATHAN A,FELKER F,et al.Distribution of octenyl succinate groups in octenyl succinic anhydride modified waxy maize starch[J].Starch-stärke,2000,52(6-7):196-204.

[96] JYOTHI A N,RAJASEKHARAN K N,MOORTHY S N,et al.Synthesis and characterization of low DS succinate derivatives of cassava (manihot esculenta crantz) starch[J].Starch-stärke,2005,57(7):319-324.

[97] BAO J S,XING J,PHILLIPS D L,et al.Physical properties of octenyl succinic anhydride modified rice,wheat,and potato starches[J].Journal of agricultural and food chemistry,2003,51(8):2283-2287.

[98] 祝志峰,李曼丽,张龙秋.一种提高接枝淀粉浆料接枝效率的淀粉预处理方法:101092458[P].2007-12-26.

[99] 张朝辉,许德生,李昂.辛烯基琥珀酸淀粉酯浆料的制备研究[J].安徽工程大学学报,2012,27(1):32-35.

[100] ZHANG C H,XU D S,ZHU Z F.Octenylsuccinylation of cornstarch to improve its sizing properties for polyester/cotton blend spun yarns [J].Fibers and polymers,2014,15(11):2319-2328.

[101] 鲍乐.十二烯基琥珀酸淀粉酯的合成及性能研究[D].芜湖:安徽工程大

学,2014.

[102] 刘灿灿,孙潇鹏,宋洪波.辛烯基琥珀酸淀粉酯研究现状[J].广东化工,2018,45(1):93-94.

[103] 周雪.羟丙基及辛烯基琥珀酸复合改性淀粉的制备及性质研究[D].广州:华南理工大学,2012.

[104] 雷欣欣,张本山.羟丙基辛烯基复合改性蜡质玉米淀粉的性质[J].食品与发酵工业,2013,39(8):83-88.

[105] 李泽华,尚小琴,刘鹏,等.十二烯基琥珀酸酐-羟丙基复合改性高直链淀粉的研究[J].中国粮油学报,2015,30(3):30-34.

[106] 鄢冬茂.温度敏感两亲性淀粉衍生物的合成及性能研究[D].大连:大连理工大学,2010.

[107] 吕学进.3-烷氧基-2-羟基丙基羧甲基淀粉的合成及性能研究[D].大连:大连理工大学,2008.

[108] GENEST S,PETZOLD G,SCHWARZ S.Removal of micro-stickies from model wastewaters of the paper industry by amphiphilic starch derivatives[J].Colloids and surfaces A:physicochemical and engineering aspects,2015,484:231-241.

[109] HEINZE T,RENSING S,KOSCHELLA A.Starch derivatives of high degree of functionalization.13.novel amphiphilic starch products[J].Starch-stärke,2007,59(5):199-207.

[110] GENEST S,SCHWARZ S,PETZOLD-WELCKE K,et al.Characterization of highly substituted,cationic amphiphilic starch derivatives:dynamic surface tension and intrinsic viscosity[J].Starch-stärke,2013,65(11-12):999-1010.

[111] BRATSKAYA S Y,GENEST S,PETZOLD-WELCKE K,et al.Flocculation efficiency of novel amphiphilic starch derivatives:a comparative study[J].Macromolecular materials and engineering,2014,299(6):722-728.

[112] 张斌,周永元.替代PVA的接枝变性淀粉浆料的研究[J].东华大学学报(自然科学版),2005,31(6):86-89.

[113] HU G F,CHEN J Y,GAO J P.Preparation and characteristics of oxidized potato starch films.[J].Carbohydrate polymers,2009,76(2):291-298.

[114] GUO J T, HUANG Y C, ZHANG J, et al. Preparation of oxidized starch using environment friendly chlorine dioxide as oxidant[J]. International journal of food engineering, 2014, 10(2): 243-249.

第 2 章　烯烷基琥珀酸酯基团的选择

2.1　引言

淀粉本身是一种水溶性物质,为了满足多领域使用性能的要求,人们往往对淀粉进行疏水化改性,改变淀粉单一的亲水特性,使其具有表面活性以及抗温、抗剪切等新的功能和用途。

淀粉的疏水化改性常常用有机酸酯进行,在很多领域得以应用[1-2]。目前,醋酸酯、磷酸酯淀粉以及丁二酸酯、氨基甲酸酯淀粉等已经广泛应用于工业领域[3]。近年来,低取代度的酯化淀粉被用于纺织上浆;以醋酸酯淀粉和磷酸酯淀粉为主,应用于天然纤维以及天然纤维与合成纤维混纺纱的经纱上浆[4-5]。

烯烷基琥珀酸酯化淀粉作为酯化淀粉的一类新品种,是在碱性催化剂的作用下,由烯烷基琥珀酸酐与淀粉反应生成的,烯烷基琥珀酸酯化淀粉因具有较好的使用性能[6-9],越来越受到人们的关注。烯烷基琥珀酸酯化淀粉大分子链上的烯烷基长链是疏水的,同时含有的羧酸基团是亲水的,因此具有疏水和亲水两种性质,因其又具有表面活性,因而在造纸、食品、医药等领域被广泛应用[10-13],而烯烷基琥珀酸酯化淀粉在纺织领域却仅有少量文献报道[14-15]。

分子中同时含有亲水和疏水基的物质具有表面活性,但不一定都是表面活性剂。表面活性剂的特性要求分子中的疏水基足够大,且两亲性分子结构足够明显,烷烃、烯烃、环烷烃、芳香烃等是常见的疏水基碳氢链,碳原子数大都在 8～20 之间,而引入的碳链长度和取代度决定了淀粉疏水性的大小[16-19],因此,本章从淀粉浆料的黏附性能和浆膜性能着手,考察不同烯烷基琥珀酸酯基团结构对淀粉性能的影响,为进一步确定烯烷基琥珀酸酯化改性淀粉在纺织浆纱领域内的应用提供依据。

2.2 实验部分

2.2.1 实验材料和仪器

本章所用到的主要实验试剂见表 2-1,主要实验材料见表 2-2,主要实验仪器见表 2-3。

表 2-1 主要实验试剂

试剂名称	生产厂家	主要参数
3-氯-2 羟丙基三甲基氯化铵	上海容立化学科技有限公司	含固率 60%
辛烯基琥珀酸酐、十二烯基琥珀酸酐、十八烯基琥珀酸酐	杭州中香化学有限公司	化学纯试剂
盐酸、氢氧化钠、无水乙醇、无水硫酸钠、丙酮、碘化钾、溴化钾、溴酸钾等	国药集团化学试剂有限公司	化学纯试剂

表 2-2 主要实验材料

材料名称	生产厂家	主要参数
玉米淀粉	山东恒仁工贸有限公司	黏度 53 mPa·s(质量分数为 6%,95 ℃保温糊化 1 h),黏度热稳定性 82%,含水率 13%
纯棉粗纱	安徽华茂纺织股份有限公司	线密度 460 tex,捻系数 112,纤维规格 1.78 dtex×28 mm
纯涤粗纱	安徽华茂纺织股份有限公司	线密度 398 tex,捻系数 49.8,纤维规格 1.73 dtex×38 mm

表 2-3 主要实验仪器

仪器	型号	生产厂家
电子天平	BS200s-WEI	德国赛多利斯股份公司
超级恒温器	501 型	上海实验仪器有限公司

表 2-3(续)

仪器	型号	生产厂家
多功能搅拌器	HJ-5	常州国华电器有限公司
旋转式黏度计	NDJ-7	上海同济机电厂
循环水真空泵	SHZ-Ⅲ B	临海市精工真空设备厂
电热恒温鼓风干燥箱	101-1AJ	上海路达实验仪器有限公司
pH 计	UB-7	德国赛多利斯股份公司
Instron 万能强力机	3665	美国英斯特朗公司
厚度仪	YG141	常州第二纺织机械厂
表面张力仪	DCAT-11	德国物理仪器有限公司
数显恒温水浴锅	HH-S	常州翔天实验仪器厂

2.2.2 淀粉烯烷基琥珀酸酯化反应机理[20]

在酯化反应时,淀粉大分子链上含有的多个羟基与被开环的烯烷基琥珀酸酐反应,结合形成酯键和羧基,制得烯烷基琥珀酸酯化淀粉,该反应需在碱性条件下进行。淀粉烯烷基琥珀酸酯化反应方程式如图 2-1 所示。

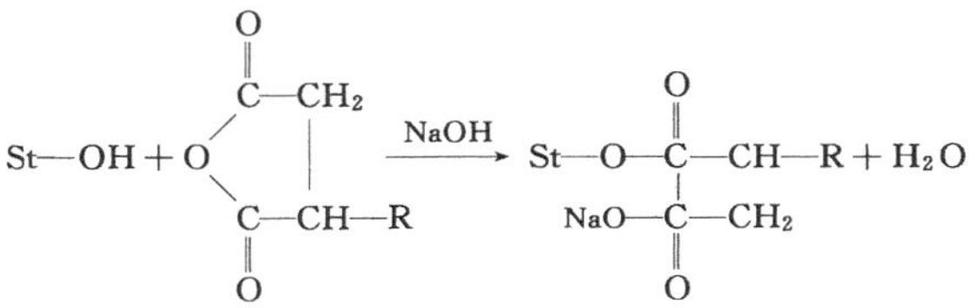

R—碳原子为 5~8 的烷基或烯基。

图 2-1 淀粉烯烷基琥珀酸酯化反应方程式

2.2.3 淀粉的精制与酸解

2.2.3.1 原淀粉精制

为了去除淀粉中含有的蛋白质等杂质对实验结果的影响,准确反映亲水亲油取代基对淀粉表面活性的影响规律,在实验室制备油水两亲性变性淀粉之前,需要对原淀粉进行精制。根据文献[21]的方法,用甲醇-蒸馏水溶液洗涤,精制玉米原淀粉,备用。

2.2.3.2 淀粉酸解

淀粉酸解在淀粉变性过程中具有悠久的历史,早在1886年,就有人用盐酸处理天然淀粉。淀粉酸解的主要目的是降低原淀粉的黏度,增加其流动性,以期在更多领域获得更好的应用。在淀粉浆料上,为了克服玉米原淀粉黏度过大的缺点,使淀粉浆液易于铺展于纱线表面,并且能够部分渗透到纱线内部,满足上浆要求,通常采用酸解的方法来降低原淀粉黏度,提高淀粉作为纺织浆料的使用性能。

根据文献[22]介绍的方法,湿法制取酸解淀粉,用作季铵阳离子-烯烷基琥珀酸酯化油水两亲性淀粉的原料。

淀粉酸解方法如下:称取干重为400 g的玉米精制淀粉,配成40%的淀粉乳,用2 000 mL的三口烧瓶将淀粉乳移入,在不断搅拌条件下加热到50 ℃,并且保持在淀粉糊化温度以下,加入40 mL 2 mol/L的盐酸溶液,搅拌反应5 h。用质量分数为3%的NaOH溶液中和至pH值为7,过滤后用蒸馏水洗至无氯离子为止,干燥、粉碎、过筛。用此方法制备的酸解淀粉(ATS),黏度可以由48 mPa·s降至9 mPa·s。

2.2.4 淀粉季铵阳离子-烯烷基琥珀酸酯化

2.2.4.1 淀粉季铵阳离子化反应机理[23]

在碱性条件下,淀粉中的羟基与阳离子试剂(3-氯-2-羟丙基三烷基氯化铵,TMACHP)发生醚化反应,将季铵取代基团引入淀粉大分子链,生成季铵阳离子淀粉。淀粉的季铵阳离子化反应方程式如图2-2所示。

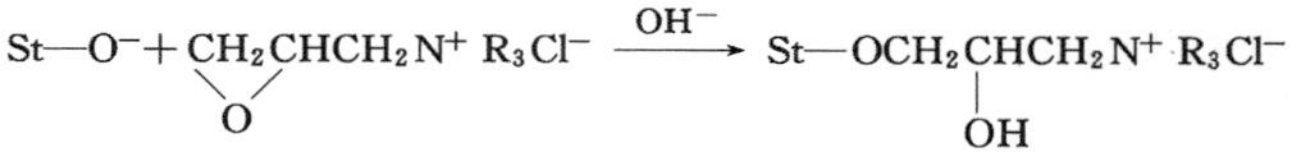

$$\text{St—O}^- + \text{CH}_2\text{CHCH}_2\text{N}^+ \text{ R}_3\text{Cl}^- \xrightarrow{\text{OH}^-} \text{St—OCH}_2\text{CHCH}_2\text{N}^+ \text{ R}_3\text{Cl}^-$$

图2-2 淀粉季铵阳离子化反应方程式

2.2.4.2 淀粉季铵阳离子化

准确称取干重为250 g的酸解淀粉、25 g无水硫酸钠以及2.5 g氧化钙粉末,制成浓度为40%的淀粉乳(加蒸馏水),随后转移到1 000 mL的三口烧瓶中,并放入恒温水浴锅内加热搅拌,反应体系的pH值用质量分数为3%的

NaOH 溶液调节至 11～12，当体系温度升至 50 ℃时，加入 TMACHP 与 NaOH 摩尔比为 1∶1 的混合溶液（加入前混合静置 2 min），10 min 后加入 10 mL 含有 1.0 g 氧化钙的水溶液，保持反应体系温度不变搅拌反应 6 h，用 2 mol/L 的 HCl 溶液调节反应体系的 pH 值为 7，用乙醇-水混合溶液反复洗涤至无氯离子为止，烘干、粉碎、过筛，备用。

2.2.4.3　淀粉季铵阳离子-烯烷基琥珀酸酯化

（1）淀粉季铵阳离子-辛烯基琥珀酸酯化

称取干重为 250 g 的季铵阳离子淀粉，制成的淀粉乳浓度为 40%（加蒸馏水），搅拌后倒入 1 000 mL 的四口烧瓶中，加热到 35 ℃，继续搅拌，用无水乙醇对辛烯基琥珀酸酐（OSA，分子式：$C_{12}H_{18}O_3$）进行稀释，稀释倍数 5 倍，滴加稀释后的 OSA，整个反应体系用质量分数为 3% 的 NaOH 溶液保持 pH 值为 8.5，反应时间 3 h。通过控制 OSA 对淀粉的投料比，合成一定取代度的季铵阳离子-辛烯基琥珀酸酯油水两亲性淀粉。反应结束后，用盐酸中和 pH 值为 7，盐酸浓度 3%，过滤、洗涤（乙醇-水溶液，体积比 70∶30），将滤饼在 60 ℃下烘干、粉碎、过筛，制得的粉末即为季铵阳离子-辛烯基琥珀酸酯淀粉，备用。

（2）淀粉季铵阳离子-十二烯基琥珀酸酯化

按照上面的方法，用十二烯基琥珀酸酐（DDSA，分子式：$C_{16}H_{26}O_3$）代替 OSA，制备季铵阳离子-十二烯基琥珀酸酯淀粉，备用。

（3）淀粉季铵阳离子-十八烯基琥珀酸酯化

方法同前，用十八烯基琥珀酸酐（ODSA，分子式：$C_{22}H_{38}O_3$）代替 OSA，制备季铵阳离子-十八烯基琥珀酸酯淀粉，备用。

2.2.5　季铵阳离子-烯烷基琥珀酸酯淀粉取代度

2.2.5.1　季铵阳离子取代度

淀粉衍生物的变性程度一般用取代度（DS）来表示，每一脱水葡萄糖单元中的羟基被取代的数量即为取代度[5]。用凯氏定氮法[24]，根据下式计算季铵阳离子取代基的取代度（DS_h）：

$$DS_h = \frac{162(N - N_0)}{14 \times 100 - a(N - N_0)} \qquad (2-1)$$

式中　DS_h——淀粉样品中季铵阳离子取代基的取代度；

　　　N——季铵阳离子淀粉试样的含氮量，%；

N_0——酸解淀粉试样的含氮量，%；

14、162——淀粉中氮和葡萄糖单元的分子量；

a——引入相应取代基的相对分子质量。

2.2.5.2 烯烷基琥珀酸酯基取代度

按文献[25]介绍的方法，测试烯烷基琥珀酸酯基取代度，具体测试方法如下：用 10 mL 浓度为 90% 的 C_3H_8O 溶液润湿，搅拌 10 min；随后加入 15 mL 2.5 mol/L 的 HCl-C_3H_8O 溶液，磁力搅拌 30 min；然后加入 50 mL 浓度为 90% 的 C_3H_8O 溶液，搅拌 10 min。将样品移入布氏漏斗，用浓度为 90% 的 C_3H_8O 溶液抽滤、洗涤至无氯离子（用 0.1 mol/L 的 $AgNO_3$ 溶液检验）。再将抽滤、洗涤过的样品放入烧杯，加入蒸馏水至 300 mL，加热保持沸腾 20 min，然后在烧杯中滴加 2 滴浓度为 1% 的酚酞指示剂，用 NaOH 标准溶液（0.1 mol/L）进行滴定，直到溶液呈粉红色。

用酯化前的季铵阳离子淀粉做空白实验。根据式（2-2）～式（2-4）计算烯烷基琥珀酸酯基取代度（DS_o）：

$$DS_o = \frac{162(A_s - A_b)}{1\,000 - M(A_s - A_b)} \tag{2-2}$$

$$A_s = \frac{V_s \times c}{W_s} \tag{2-3}$$

$$A_b = \frac{V_b \times c}{W_b} \tag{2-4}$$

式中　DS_o——淀粉样品中烯烷基琥珀酸酯取代度；

A_s、A_b——每克烯烷基琥珀酸酐（样品、空白实验）所耗用 0.1 mol/L NaOH 标准溶液的物质的量，mmol；

162——淀粉中葡萄糖单元的分子量；

M——烯烷基琥珀酸酐的分子量；

V_b——样品滴定所耗用的 NaOH 标准溶液的体积，mL；

V_s——空白实验滴定所耗用的 NaOH 标准溶液的体积，mL；

c——NaOH 标准溶液的浓度，mol/L；

W_s——用于实验的淀粉样品干重，g；

W_b——用于空白实验的淀粉样品干重，g；

2.2.6 浆液的黏度和黏度热稳定性

淀粉浆液黏度的测试按照文献[26]介绍的方法，具体测试方法如下：黏度测试用 NDJ-79 型旋转式黏度计,称取一定量的淀粉样品,配制成浓度为 6% 的淀粉乳,倒入三颈瓶,在超级恒温槽中放入三颈瓶,搅拌并升温至 95 ℃。黏度计校正调零,淀粉浆液内温度计显示 95 ℃时开始计时,保温 1 h 时即从三颈瓶中取浆液样品,在黏度计内测试其黏度。每个样品重复测试两次,记录读数并计算黏度平均值,黏度单位:mPa·s。

黏度波动率反映了黏度的变化情况。浆液 95 ℃下保温 1 h 测得的黏度值为第 1 次黏度值,随后每隔 30 min 测试 1 次,共测 5 次。黏度波动率是 5 次黏度数值的极差与第 1 次黏度值之比。黏度热稳定性根据式(2-5)和式(2-6)进行计算:

$$黏度热稳定性 = 1 - 黏度波动率 \qquad (2\text{-}5)$$

$$黏度波动率 = \frac{\max|\eta - \eta_0|}{\eta_1} \times 100\% \qquad (2\text{-}6)$$

式中　η_1——样品黏度值,测试温度为 95 ℃,温度保持 1 h,mPa·s;

$\max|\eta - \eta_0|$——样品黏度极差值,按上述测试方法测得的 5 次样品黏度的极差,mPa·s。

2.2.7　淀粉浆膜的制备

按照文献[27]介绍的方法制备浆膜。取一定量的季铵阳离子-烯烷基琥珀酸酯淀粉,配制浓度为 6% 的淀粉乳,搅拌均匀,将煮好的淀粉浆在 95 ℃温度下保温 1 h 待用。将磨光玻璃(面积 650 mm×400 mm、厚度 5 mm)擦拭干净,将同面积的聚酯薄膜在少量水作用下贴在玻璃板上,去除气泡,放在校正水平的三脚架上,再在薄膜上放上回字形环氧树脂膜框(厚度 1.5 mm),用玻璃条压紧膜框,并用夹子固定薄膜。将煮好的浆液冷却,温度在 70 ℃左右时倒在铺好的薄膜上,在膜框内小心刮平浆液,使其均匀地铺满在框内的薄膜上。在标准大气条件(相对湿度 65%、20 ℃)下自然干燥,制成淀粉浆膜。

2.2.8　淀粉浆料的黏附性能

黏附性是当两个以上的物体在相互接触时,两者之间相结合的能力。纺织经纱上浆就是利用浆料的黏附性提高纱线中的纤维与纤维之间的黏合力,使纱线抵御机械作用的能力增加,改善纱线的物理机械性能[28],用来贴服并减少纱线的毛羽[29]。因此,黏附性能与浆纱工程的产品质量有着密切的关系[30-31]，是纺织上浆工艺当中一个非常重要的质量因素，同时也影响着后续织造工艺的顺利进行和织造的质量。

2.2.8.1　黏附力测试

淀粉浆料的黏附力常采用粗纱被黏合剂黏合后的拉伸强力来表示。纺织行业一般采用粗纱法测试浆料黏附力，粗纱本身的强度可以忽略不计，因此按照中国纺织工业协会提出的标准 FZ/T 15001—2017 进行测试。

根据文献[32]介绍的方法，先煮浆，浆液浓度为 6%。然后称取一定量煮好的浆液，加热水稀释，浆液浓度为 1%，将盛有浆液的容器加盖放入 501 型超级恒温器内（水浴温度 95 ℃）。取实验粗纱绕在长方形铝合金框架上（操作中要轻轻绕纱，以避免粗纱伸长），实验样本 30 根，待用。将绕好的粗纱框浸渍在 95 ℃、浓度为 1% 的浆液中，浸渍时间为 5 min。将粗纱框取出并挂起，使粗纱呈垂直自然状态，晾干。将晾干后的浆纱粗纱条平衡 24 h（标准大气条件下），剪下粗纱条，在万能材料强力机上测试粗纱条的断裂强力，计算平均值和变异系数，即得该纤维的黏附力值。淀粉浆料的黏合强度由下式计算：

$$P = \frac{N}{100T} \tag{2-7}$$

式中　　P——黏合强度，cN/tex；

　　　　T——纱线的细度，tex。

2.2.8.2　表面张力测试

将淀粉样品配成质量分数为 0.5% 和 1% 的淀粉乳，加热，浆液温度达到 95 ℃时保温 1 h，冷却，温度到达室温后取浆液样品，用 DCAT-11 型表面张力仪测试样品的表面张力，每种样品重复 3 次取平均值。

2.2.9　淀粉浆膜性能

浆料的成膜性是衡量其质量的另外一个重要性能，黏合剂具备良好的成膜能力，才可以在纱线表面被覆，形成对纱线的保护，从而有效提高纱线的可织性。

2.2.9.1　力学性能测试

本实验测试的浆膜力学性能包括浆膜的断裂强度、断裂伸长率和断裂功。浆膜试样为条形，尺寸大小为 220 mm×10 mm，平衡 24 h（标准大气条件下）。淀粉浆膜的断裂强力和断裂伸长率由 Instron 万能强力机进行测定，记录数值并取平均值。浆膜的断裂强度根据下式计算：

$$Q = \frac{P}{K \times D} \tag{2-8}$$

式中 Q——浆膜断裂强度，N/mm^2；

   P——浆膜平均断裂强力，N；

   K——浆膜宽度，mm；

   D——浆膜的平均厚度，mm。

2.2.9.2 浆膜的耐磨性测试

用称重法测浆膜耐磨性，具体方法参照文献[7]。具体测试方法如下：取长方形的浆膜试样(220 mm×10 mm)，平衡 24 h(标准大气条件下)，称重并记录，为实验前浆膜质量。在浆膜上挂一个 30 g 重锤，用 800 目砂纸磨 1 000次，取下磨后的浆膜，轻轻刷去浆膜表面因摩擦而产生的尘屑，再次称重并记录，为实验后的浆膜质量。计算摩擦实验前后的浆膜质量损失，重复 20 次，取平均值。浆膜的耐磨性用磨耗表示，磨耗按下式计算：

$$H = \frac{G_0 - G_1}{S} \tag{2-9}$$

式中 H——浆膜磨耗，mg/cm^2；

   G_0——浆膜实验前质量，mg；

   G_1——浆膜实验后质量，mg；

   S——浆膜磨损面积，cm^2。

2.3 结果与讨论

2.3.1 季铵阳离子-烯烷基琥珀酸酯淀粉制备参数

季铵阳离子-烯烷基琥珀酸酯淀粉制备反应参数见表 2-4。在本系列淀粉中，亲水取代基的取代度不变，取 DS_h 为 0.015。三种亲油取代基分别设定两个取代度，取 DS_o 为 0.025 和 0.035，根据投入的烯烷基琥珀酸酐用量不同，制备的季铵阳离子-烯烷基琥珀酸酯基取代度不同。在同一种亲油性取代基的季铵阳离子-烯烷基琥珀酸酯淀粉中，DS_o 随着烯烷基琥珀酸酐用量的增大而增大。

表 2-4　季铵阳离子-烯烷基琥珀酸酯淀粉制备反应参数

淀粉种类	亲水性取代基		亲油性取代基	
	取代度	TMACHP 用量/g	取代度	烯烷基琥珀酸酐用量/mL
季铵阳离子-辛烯基琥珀酸酯淀粉	0.015	6.0	0.036	33.0
			0.024	16.0
季铵阳离子-十二烯基琥珀酸酯淀粉			0.038	34.6
			0.026	16.8
季铵阳离子-十八烯基琥珀酸酯淀粉			0.035	37.9
			0.025	18.4

2.3.2　烯烷基琥珀酸酯基团对淀粉黏度特性的影响

浆液的黏度是表示浆液可流动性的指标,影响上浆率以及浆液对纱线浸透和被覆情况。浆液的黏度过大,即流动性较差,浆液浸透到纱线内部较少,被覆在纱线表面较多,导致上浆率偏高,不利于纺织上浆。对于纺织浆纱工程来说,要求浆液有适宜的黏度,并且保证一定的黏度热稳定性,以此保持浆纱质量的稳定。

烯烷基琥珀酸酯基团结构对淀粉黏度及黏度热稳定性的影响见表 2-5。

表 2-5　烯烷基琥珀酸酯基团结构对淀粉黏度及黏度热稳定性的影响

淀粉种类	DS_h	DS_o	黏度/mPa·s	黏度热稳定性/%
季铵阳离子-辛烯基琥珀酸酯淀粉	0.015	0.036	7.0	87.1
		0.024	7.5	86.7
季铵阳离子-十二烯基琥珀酸酯淀粉		0.038	5.8	86.2
		0.026	6.1	85.2
季铵阳离子-十八烯基琥珀酸酯淀粉		0.035	4.9	85.7
		0.025	5.1	84.3

　　由表 2-5 可知,在亲水性取代基取代度为 0.015、亲油性取代基取代度相近时,随着烯烷基琥珀酸酐长度的增加,三种季铵阳离子-烯烷基琥珀酸酯淀粉的黏度及黏度热稳定性逐渐降低。这是因为随着烯烷基琥珀酸酐长度的增加,淀粉的疏水性变强,淀粉与水分子之间的作用力降低,黏度也随之越小。从表中还可以看出,对于同一种亲油性取代基的季铵阳离子-烯烷基琥珀酸酯淀粉,在亲水性取代基取代度一致时,亲油性取代基取代度大的季铵阳离子-烯烷基琥珀酸酯淀粉黏度较小。这是因为随着亲油性取代基取代度的增大,淀粉中引入的酯基就越多,淀粉与水分子之间的作用力降低,黏度随之减小。

2.3.3　烯烷基琥珀酸酯基团对淀粉黏附性能的影响

　　季铵阳离子-烯烷基琥珀酸酯淀粉对棉纤维和涤纶纤维黏附性能的影响分别见表 2-6 和表 2-7。

表 2-6　季铵阳离子-烯烷基琥珀酸酯淀粉对棉纤维黏附性能的影响

淀粉种类	DS_h	DS_o	黏合强度	
			平均值/(cN/tex)	CV/%
季铵阳离子-辛烯基琥珀酸酯淀粉	0.015	0.036	18.3	6.91
		0.024	17.8	6.56
季铵阳离子-十二烯基琥珀酸酯淀粉		0.038	16.6	5.58
		0.026	16.1	5.91
季铵阳离子-十八烯基琥珀酸酯淀粉		0.035	14.8	6.13
		0.025	14.1	6.04

表 2-7　季铵阳离子-烯烷基琥珀酸酯淀粉对涤纶纤维黏附性能的影响

淀粉种类	DS_h	DS_o	黏合强度	
			平均值/(cN/tex)	CV/%
季铵阳离子-辛烯基琥珀酸酯淀粉	0.015	0.036	32.4	8.27
		0.024	31.5	8.47
季铵阳离子-十二烯基琥珀酸酯淀粉		0.038	29.9	7.74
		0.026	28.9	7.61
季铵阳离子-十八烯基琥珀酸酯淀粉		0.035	27.1	8.32
		0.025	26.0	7.89

由表 2-6 和表 2-7 可知,在季铵阳离子取代度为 0.015、亲油性取代基取代度相近时,随着烯烷基琥珀酸酯基碳链长度的减小,季铵阳离子-烯烷基琥珀酸酯淀粉对棉纤维和涤纶纤维的黏合强度都逐渐增大。在同一种亲油性取代基的季铵阳离子-烯烷基琥珀酸酯淀粉中,当亲油性取代基取代度较大时,该季铵阳离子-烯烷基琥珀酸酯淀粉浆液对棉纤维和涤纶纤维的黏合强度较大。这说明引入的亲油性取代基和取代度对淀粉的黏附性能均有明显影响。

综上所述,在淀粉大分子链上同时引入了季铵阳离子基团和烯烷基琥珀酸酯基,淀粉分子间羟基的缔合受到干扰,分子间作用力降低,淀粉胶层的韧性得到增加。同时,淀粉胶层与纤维界面上的内应力也有所降低,界面破坏的可能性减小。季铵阳离子-烯烷基琥珀酸酯淀粉具有亲水亲油的两亲性结构,具有一定的表面活性,表面张力得到降低,有利于浆液对纤维的润湿和铺展。对于同一种季铵阳离子-烯烷基琥珀酸酯淀粉,当亲油性取代基取代度较大时,该淀粉对纤维的黏合强度较大,这是因为随着亲油性取代基的增多,淀粉的油水两亲性结构更明显,增加了该淀粉浆液的表面活性,有利于表面张力的降低。因此,对于同一种烯烷基琥珀酸基团的油水两亲性淀粉,当亲油性取代基的取代度较大时,该淀粉对纤维的黏附性能较好。对于不同烯烷基琥珀酸酯基基团结构的油水两亲性淀粉,当引入的酯基碳链长度相对较长时,淀粉对纤维的黏附性反而变差,这是由于引入的酯基导致淀粉的疏水性增强,过强的疏水性降低了淀粉对纤维的黏附性能。

烯烷基琥珀酸酯基团结构对淀粉浆液表面张力的影响见表 2-8。

表 2-8　烯烷基琥珀酸酯基团结构对淀粉浆液表面张力的影响

淀粉种类	DS_h	DS_o	表面张力/(mN/m)	
			0.5%	1%
季铵阳离子-辛烯基琥珀酸酯淀粉		0.036	59.7	53.6
		0.024	66.1	63.5
季铵阳离子-十二烯基琥珀酸酯淀粉	0.015	0.038	56.1	50.3
		0.026	61.5	59.2
季铵阳离子-十八烯基琥珀酸酯淀粉		0.035	52.8	46.4
		0.025	58.5	54.6

由表 2-8 可知,在亲水性取代基取代度一致、亲油性取代基取代度相似的情况下,随着引入的烯烷基琥珀酸酯基碳链长度增加,淀粉浆液的表面张力减小。在同一亲油性取代基基团结构的季铵阳离子-烯烷基琥珀酸酯淀粉中,较大的亲油取代基取代度的淀粉表面张力较小。

由表 2-6、表 2-7 和表 2-8 可知,对于同一季铵阳离子取代度、相似亲油取代基取代度下,随着烯烷基琥珀酸酯基碳链长度的增加,季铵阳离子-烯烷基琥珀酸酯淀粉浆液的表面张力降低,但对纤维的黏附性能反而变差。这是因为影响淀粉浆液对纤维黏附性能的因素较多,如淀粉的亲水和疏水性质、淀粉浆液的表面张力、淀粉与纤维的极性等,在决定淀粉浆料黏附性能时,往往是几种因素的综合作用。随着引入的烯烷基琥珀酸酯基碳链长度的增加,淀粉的疏水性增强,浆液对纤维的润湿与铺展变差,水分散性变差,导致该淀粉浆液对纤维的黏合强度减小。

2.3.4 烯烷基琥珀酸酯基团结构对淀粉浆膜性能的影响

在织造过程中,经纱需要抵抗外力的反复作用,且受到一定的拉伸而产生变形。作为上浆剂形成的浆膜均匀被覆在纱线表面,与纱线一起受到力的作用。因此,要求浆膜既要有一定的强力,又要具有良好的弹性和伸长,从而满足纱线织造时的需求。

烯烷基琥珀酸酯基团结构对淀粉浆膜力学性能的影响见表 2-9。

表 2-9 烯烷基琥珀酸酯基团结构对淀粉浆膜力学性能的影响

淀粉种类	DS_h	DS_o	断裂伸长率		断裂强度		断裂功	
			平均值/%	CV/%	平均值/MPa	CV/%	平均值/mJ	CV/%
季铵阳离子-辛烯基琥珀酸酯淀粉		0.036	3.48	9.36	27.92	9.43	60.35	8.13
		0.024	3.56	9.17	27.56	9.71	60.96	8.52
季铵阳离子-十二烯基琥珀酸酯淀粉	0.015	0.038	3.08	9.21	26.56	10.01	49.97	9.01
		0.026	3.15	8.17	26.23	9.24	50.66	8.96
季铵阳离子-十八烯基琥珀酸酯淀粉		0.035	1.95	9.45	20.83	9.83	37.59	8.87
		0.025	2.04	9.09	20.39	9.25	38.42	8.78
酸解淀粉	/	/	2.16	9.17	31.74	9.88	41.13	9.63

由表 2-9 可知,在 DS_h 为 0.015、亲油性取代基取代度相近时,随着烯烷基琥珀酸酯基碳链长度的增大,季铵阳离子-辛烯基琥珀酸酯淀粉浆膜的断裂伸长率、断裂强度和断裂功都逐渐减小。这是因为随着烯基琥珀酸酯基碳链长度的增加,淀粉的疏水性增大,季铵阳离子-烯烷基琥珀酸酯淀粉的水分散性降低,在成膜的时候不利于淀粉大分子线圈之间的相互纠缠与扩散,浆膜的力学性能下降,浆膜断裂伸长率、断裂强度和断裂功逐渐减小。从表中还可以看出,当淀粉大分子链中引入十八烯基琥珀酸酯基时,淀粉浆膜的力学性能下降比较明显,改性后的淀粉与酸解淀粉相比较,浆膜的断裂强度、断裂伸长率和断裂功均明显低于酸解淀粉浆膜。这是因为引入的十八烯基琥珀酸酯基使淀粉的疏水性过强,浆膜力学性能恶化。对于同一种亲油性取代基的季铵阳离子-烯烷基琥珀酸酯淀粉,当亲油取代基取代度较大时,该淀粉浆膜的力学性能较差。这是因为随着亲油性取代基取代度的增大,季铵阳离子-烯烷基琥珀酸酯淀粉的疏水性增强,淀粉的水分散性降低,淀粉浆膜的力学性能随之变差。

烯烷基琥珀酸酯基团结构对淀粉浆膜耐磨性的影响见表 2-10。

表 2-10　烯烷基琥珀酸酯基团结构对淀粉浆膜耐磨性的影响

淀粉种类	DS_h	DS_o	磨耗	
			平均值/(mg/cm^2)	CV/%
季铵阳离子-辛烯基琥珀酸酯淀粉	0.015	0.036	0.49	15.2
		0.024	0.47	14.8
季铵阳离子-十二烯基琥珀酸酯淀粉		0.038	0.55	13.7
		0.026	0.53	13.5
季铵阳离子-十八烯基琥珀酸酯淀粉		0.035	0.59	13.4
		0.025	0.56	13.9

由表 2-10 可知,在亲水性取代基取代度为 0.015、亲油性取代基取代度相近时,随着烯烷基琥珀酸酯基碳链长度的增加,三种季铵阳离子-辛烯基琥珀酸酯淀粉的浆膜磨耗逐渐增大,浆膜的耐磨性变差。这是因为随着引入的烯基琥珀酸酯基碳链长度的增加,该淀粉的疏水性增强,它吸收空气中水分而产

生的内增塑作用较小。从表中还可以看出，对于同一种亲油性取代基的季铵阳离子-烯烷基琥珀酸酯淀粉，在亲水性取代基取代度不变、亲油取代基取代度较大时，该淀粉浆膜的磨耗较大，耐磨性变差。这也是因为同一种亲油性取代基的季铵阳离子-烯烷基琥珀酸酯淀粉，随着亲油性取代基取代度的增大，淀粉的疏水性增强，导致该淀粉浆膜耐磨性变差。

综合不同亲油性取代基结构的季铵阳离子-辛烯基琥珀酸酯淀粉浆膜的力学性质和耐磨性来看，对淀粉大分子链进行油水两亲化改性，在一定的亲水性取代基取代度下，引入的亲油性取代基疏水性大小对淀粉的性能影响较大，随着烯烷基琥珀酸酯基碳链长度的缩短，淀粉浆膜的力学性能提高、磨耗减小。

2.4　本章小结

（1）在淀粉大分子链上引入季铵阳离子和烯烷基琥珀酸酯基，制备一系列季铵阳离子-烯烷基琥珀酸酯油水两亲性淀粉。在亲水性取代基取代度不变、亲油性取代基取代度相似的情况下，随着烯烷基琥珀酸酯基碳链长度的减小，淀粉的黏度增大，黏度热稳定性提高。

（2）在季铵阳离子取代度不变时，随着烯烷基琥珀酸酯基碳链长度的减小，季铵阳离子-烯烷基琥珀酸酯淀粉的黏附性能增强，淀粉对棉纤维和涤纶纤维的黏合强度均提高。在同一种亲油性取代基的季铵阳离子-烯烷基琥珀酸酯淀粉中，烯烷基琥珀酸酯基取代度较大时，淀粉浆液的表面张力较小，淀粉的黏附性能较好。

（3）在季铵阳离子取代度不变时，随着烯烷基琥珀酸酯基碳链长度的减小，季铵阳离子-烯烷基琥珀酸酯淀粉的浆膜性能得到改善，淀粉浆膜的断裂强度、断裂伸长率、断裂功均增大，浆膜的磨耗减小。在同一种亲油性取代基的季铵阳离子-烯烷基琥珀酸酯淀粉中，烯烷基琥珀酸酯基取代度较小时，淀粉浆膜的力学性能较好，浆膜的耐磨性也较好。

（4）综合不同亲油性取代基的季铵阳离子-烯烷基琥珀酸酯淀粉浆料的黏附性能和浆膜性能，辛烯基琥珀酸酯基最适宜作为油水两亲性淀粉浆料的亲油性改性基团，季铵阳离子-辛烯基琥珀酸酯淀粉的黏附性能和浆膜性能最佳。

参考文献

［1］SIEMION P,JABLONSKA J,KAPUSNIAK J,et al.Solid state reactions of potato starch with urea and biuret[J].Journal of polymers and the environment,2004,12(4):247-255.

［2］田中秀行,田中浩,中村昌司.生物分解性树脂组合物:JP03158632.5[P]. 2003-08-08.

［3］严瑞瑄.水溶性高分子[M].北京:化学工业出版社,1998.

［4］周永元.纺织浆料学[M].北京:中国纺织出版社,2004.

［5］张友松,李广芬.变性淀粉在纺织工业中的应用[J].淀粉与淀粉糖,1994 (1):10-17.

［6］JEON Y S,LOWELL A V,GROSS R A.Studies of starch esterification: reactions with alkenylsuccinates in aqueous slurry systems[J].Starch-stärke,1999,51(2-3):90-93.

［7］PARK S,CHUNG M G,YOO B.Effect of octenylsuccinylation on rheological properties of corn starch pastes[J].Starch-stärke,2004,56(9): 399-406.

［8］黄强,李琳,罗发兴.淀粉疏水改性研究进展[J].粮食与饲料工业,2006 (4):28-29.

［9］石佳,辛嘉英,王艳,等.酯化改性淀粉研究进展[J].食品工业科技,2014, 35(2):395-399.

［10］WURZBURG O B.Modified starches:properities and uses[M].New York:CRC Press,1986.

［11］李润国,张黎斌,赵新刚.十二烯基琥珀酸淀粉酯的制备工艺研究[J].粮 油加工,2008(7):93-95.

［12］FINCH C A.Modified starches:properties and uses edited[J].British polymer journal,1989,21(1):87-88.

［13］柳志强,杨鑫,高嘉安,等.辛烯基琥珀酸淀粉酯研究进展[J].食品与发酵 工业,2003,29(4):81-85.

［14］ZHANG C H,XU D S,ZHU Z F.Octenylsuccinylation of cornstarch to improve its sizing properties for polyester/cotton blend spun yarns[J]. Fibers and polymers,2014,15(11):2319-2328.

[15] LI C L,BAO L,ZHU Z F.Effect of starch dodecenylsuccinylation on the adhesion and film properties of dodecenylsuccinylated starch for polyester warp sizing[J].Journal of Donghua University,2014,31(6): 747-752.

[16] FANG J M,FOWLER P A,TOMKINSON J,et al.The preparation and characterisation of a series of chemically modified potato starches[J]. Carbohydrate polymers,2002,47(3):245-252.

[17] FUNKE U,LINDHAUER M G.Effect of reaction conditions and alkyl chain lengths on the properties of hydroxyalkyl starch ethers[J].Starch-stärke, 2001,53(11):547-554.

[18] BIKIARIS D,PAVLIDOU E,PRINOS J,et al.Biodegradation of oc-tanoated starch and its blends with LDPE[J].Polymer degradation and stability,1998,60(2-3):437-447.

[19] ABURTO J,HAMAILI H,MOUYSSET-BAZIARD G,et al.Free-solvent synthesis and properties of higher fatty esters of starch:Part 2 [J].Starch-stärke,1999,51(8-9):302-307.

[20] RUAN H,CHEN Q H,FU M L,et al.Preparation and properties of oc-tenyl succinic anhydride modified potato starch[J].Food chemistry, 2009,114(1):81-86.

[21] 林秀培.两性淀粉浆料性能研究[D].无锡:江南大学,2007.

[22] ZHU Z F,ZHUO R X.Controlled release of carboxylic-containing her-bicides by starch-g-poly(butyl acrylate)[J].Journal of applied polymer science,2001,81(6):1535-1543.

[23] 王墨.季铵型阳离子淀粉及其衍生物的制备与应用性能研究[D].大连: 大连理工大学,2009.

[24] 张斌,胡爱琳,王公应.阳离子淀粉含氮量测试方法综述[J].造纸化学品, 2004,16(3):19-25,29.

[25] 薛军,郑为完,冯韬霖,等.乙酰化辛烯基琥珀蜡质玉米淀粉酯的制备 及性质研究[J].食品科技,2012,37(10):220-226.

［26］乔志勇.聚丙烯酸酯/淀粉浆膜微观结构与性能研究［D］.无锡：江南大学,2011.

［27］程哲琼,祝志峰.磷酸酯化反应残留物对淀粉浆料上浆性能的影响［J］.东华大学学报(自然科学版),2006,32(4):101-104,118.

［28］TRAUTER J,VIALON R,STEGMEIER T. Correlation between the adhesive strength of sizes and the clinging tendency when weaving［J］. Melliand textilberichte,1991,72(8):251-254.

［29］ZHU Z F,CHENG Z Q.Effect of inorganic phosphates on the adhesion of mono-phosphorylated cornstarch to fibers［J］.Starch-stärke,2008,60(6): 315-320.

［30］ZHU Z F, ZHOU Y Y, ZHANG W G,et al.The adhesive capacity of starch graft copolymers to polyester/cotton fiber［J］. Journal of Donghua University,1995(1):28-35.

［31］ZHU Z F, ZHUO R X.Degree of substitution of the ionized starches and their adhesive capacity to polyester/cotton fibers［J］.Journal of Donghua U-niversity,1997,14(1):43-48.

［32］LI M L, ZHU Z F, PAN X.Effects of starch acryloylation on the grafting efficiency,adhesion,and film properties of acryloylated starch-g-poly(acrylic acid) for warp sizing［J］.Starch-stärke,2011,63(11): 683-691.

第 3 章　油水两亲性官能团摩尔比值的研究

3.1　引言

淀粉大分子脱水葡萄糖单元中含有活性的羟基,可与各种带有不同基团的试剂发生化学反应,实现对淀粉的化学改性,达到提高淀粉应用性能的目的。已有研究表明,淀粉的磷酸酯化[1]、阳离子化[2]、两性化[3]、接枝共聚[4]等可以改善淀粉的性能,提高淀粉的使用价值。长期以来,对于在淀粉大分子链中引入亲水性基团的研究比较普遍[5-9],在淀粉大分子链中引入亲水性基团将会更加突出淀粉亲水性的优势[10]。然而,过强的亲水性往往限制了淀粉在某些领域的使用。通过对已引入亲水性基团的淀粉再进行亲油化的改性,得到油水两亲性的产品,可以使淀粉施展出更优良的使用性能[11-12],这类油水两亲性淀粉作为稳定剂和乳化剂以及污水处理中的絮凝剂被广泛使用[13],但在纺织浆料领域应用的研究未见任何报道。

作为纺织主浆料,要求淀粉具有良好的黏合能力、润湿和铺展能力、良好的成膜性能[14],在淀粉大分子链上引入亲水性的基团和亲油性的基团,可使淀粉表现出一种类似表面活性剂的分子结构。这种分子结构能够降低淀粉浆料的表面张力,从而促进淀粉浆料在纤维表面的湿润和铺展,有助于淀粉对纤维的黏合作用,以及在经纱表面形成完整均匀的淀粉膜,这样的淀粉浆料将是一种良好的纺织上浆材料。

在淀粉大分子链上分别引入亲水性取代基和亲油性取代基,通过控制取代基的引入数量来调节亲水基和亲油基之间的平衡关系,亲水亲油的平衡程度如何对于改性后的淀粉性能影响是至关重要的。通过本书第 2 章的研究可以看出,对于淀粉浆料来说,影响淀粉上浆性能的因素很多,对淀粉的黏附性能、浆膜性能往往是通过几个因素的综合作用而决定的。对淀粉的油水两亲化改性,引入的亲油性基团比例较大时,对淀粉浆液的表面活性有利,但会因为疏水性过强而影响到淀粉浆料的黏附性能和成膜性能,因此合适的亲水亲油平衡才能有效提高淀粉浆料的上浆性能。本章设计选用季铵阳离子基团和辛烯基琥珀酸酯基对淀粉进行油水两亲化改性,通过考察不同油水两亲性官能团摩尔比值对淀粉浆液性能、黏附性能和浆膜性能的影响,探索适合纺织浆料使用的淀粉大分子的亲水亲油平衡程度,确定季铵阳离子-辛烯基琥珀酸酯淀粉合理的油水两亲性官能团摩尔比值范围,为这一类油水两亲性淀粉在纺织浆纱领域内的使用提供研究基础。

3.2　实验部分

3.2.1　实验材料和仪器

本章主要实验材料和实验仪器参见本书第 2 章,其余实验仪器见表 3-1。

表 3-1　主要实验仪器

仪器	型号	生产厂家
傅里叶变换红外光谱仪	IRPrestige-21	日本岛津公司
纳米粒度及 Zeta 电位分析仪	ZS-90	英国马尔文仪器有限公司
紫外分光光度计	UV9600	北京瑞丽分析仪器有限责任公司
扫描电子显微镜	S-4800	日本日立公司
X 射线衍射仪	XRD-6000	日本岛津公司
抱合力机	Y731	常州第一纺织设备有限公司

3.2.2　玉米淀粉的精制和酸解

按照本书第 2 章介绍的方法,对玉米原淀粉进行精制和酸解,制备的酸解淀粉表观黏度为 9 mPa·s,备用。

3.2.3　季铵阳离子-辛烯基琥珀酸酯淀粉的制备与表征

3.2.3.1　淀粉制备

按照本书第 2 章介绍的方法,对酸解淀粉按照先季铵阳离子化再辛烯基琥珀酸酯化的顺序,合成季铵阳离子-辛烯基琥珀酸酯淀粉。

淀粉的季铵阳离子-辛烯基琥珀酸酯油水两亲化反应方程式如图 3-1 所示。

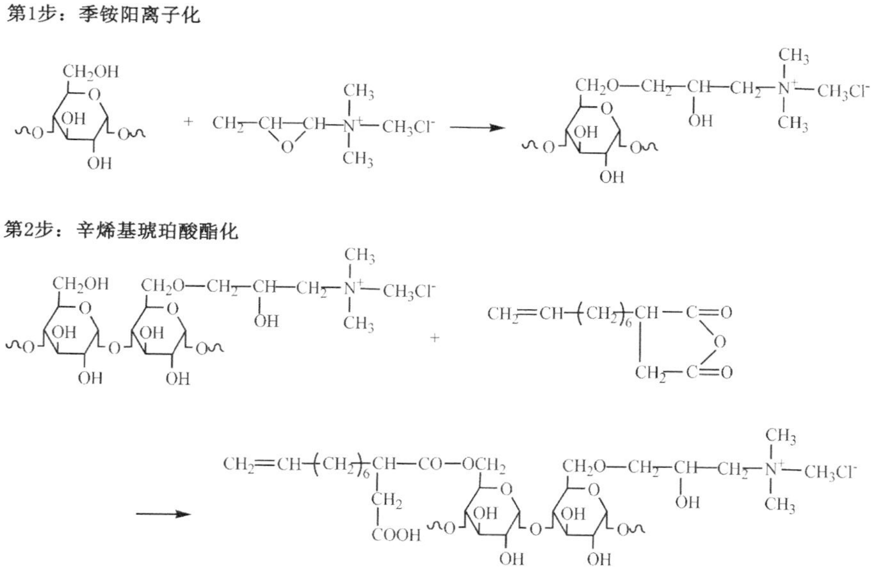

图 3-1　淀粉的季铵阳离子-辛烯基琥珀酸酯油水两亲化反应方程式

3.2.3.2　淀粉表征

（1）亲水亲油取代基取代度

按照本书第 2 章介绍的方法,分别计算亲水性取代基取代度和亲油性取代基取代度。

（2）亲水性取代基的反应效率

根据下式计算季铵阳离子取代基的反应效率:

$$E_h = \frac{DS_h}{M_1/m_1} \times 100\% \tag{3-1}$$

式中　DS_h——亲水性取代基的取代度；

　　　M_1——淀粉样品中的季铵阳离子摩尔量；

　　　m_1——淀粉样品中的葡萄糖单元摩尔量。

（3）亲油性取代基的反应效率

根据下式计算辛烯基琥珀酸酯基的反应效率：

$$E_o = \frac{DS_o}{M_2/m_2} \times 100\%$$（3-2）

式中　DS_o——亲油性取代基的取代度；

　　　M_2——淀粉样品中的辛烯基琥珀酸酐摩尔量；

　　　m_2——淀粉样品中的葡萄糖单元摩尔量。

（4）红外光谱表征

采用溴化钾压片法对季铵阳离子-辛烯基琥珀酸酯淀粉和酸解淀粉进行红外光谱测试分析。测试条件：使用 IRPrestige-21 型红外光谱仪，分辨率为 4 cm^{-1}，扫描范围为 500～4 000 cm^{-1}，扫描速率为 32 次/s。

3.2.4　季铵阳离子-辛烯基琥珀酸酯淀粉浆膜的制备与表征

（1）淀粉浆膜制备

按照本书第 2 章介绍的方法，制备季铵阳离子-辛烯基琥珀酸酯淀粉浆膜和酸解淀粉浆膜，备用。

（2）浆膜的 X 射线衍射分析

采用 XRD-6000 型 X 射线衍射仪对季铵阳离子-辛烯基琥珀酸酯淀粉浆膜和酸解淀粉浆膜进行 X 射线衍射测试。

3.2.5　季铵阳离子-辛烯基琥珀酸酯淀粉的黏附性能

（1）黏度及黏度热稳定性测试

根据本书第 2 章介绍的方法，测试季铵阳离子-辛烯基琥珀酸酯淀粉浆液的表观黏度和黏度热稳定性。

（2）黏附力测试

根据本书第 2 章介绍的方法，测试季铵阳离子-辛烯基琥珀酸酯淀粉浆液的黏附力，计算黏合强度。

（3）表面张力测试

根据本书第 2 章介绍的方法,测试季铵阳离子-辛烯基琥珀酸酯淀粉浆液的表面张力。

（4）Zeta 电位测试

按照文献[15]介绍的方法,测试季铵阳离子-辛烯基琥珀酸酯淀粉浆液的 Zeta 电位。具体方法如下:准确配制浓度为 0.1％的淀粉悬浮液,加热至 95 ℃使淀粉完全糊化,冷却到室温后取浆液样品 1 mL,在 Zeta 电位仪上测试样品的 Zeta 电位,重复实验 3 次。

3.2.6　季铵阳离子-辛烯基琥珀酸酯淀粉的浆膜性能

（1）结晶度测试

本实验采用 Hermans 法测定淀粉浆膜的结晶度,具体方法[16]如下:

图 3-2 为淀粉浆膜的 XRD 衍射图,在图中沿衍射曲线的两端画直线,沿衍射强度峰的最小值画光滑曲线,结晶部分的面积由光滑曲线与衍射曲线之间的面积来表示,无定形部分面积由直线与光滑曲线之间的面积来表示。

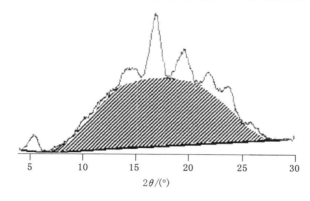

图 3-2　淀粉浆膜的 XRD 衍射图

结晶度按下式计算:

$$结晶度 = \frac{I_c}{I_a + I_c} \times 100\%$$ 　　　　　（3-3）

式中　I_c——结晶部分面积;

　　　I_a——无定形部分面积。

（2）浆膜厚度测试

在标准大气条件下,将制备好的季铵阳离子-辛烯基琥珀酸酯淀粉浆膜裁成条状试样,平衡 24 h,在 YG141 型织物厚度仪上测试浆膜的厚度。

(3)力学性能测试

按本书第 2 章介绍的方法,测试季铵阳离子-辛烯基琥珀酸酯淀粉浆膜的断裂强力、断裂伸长率和断裂功。

(4)耐磨性能测试

按本书第 2 章介绍的方法,测试季铵阳离子-辛烯基琥珀酸酯淀粉浆膜的耐磨性。

(5)耐屈曲性能测试

按照文献[17]介绍的方法,用 Y731 型抱合力机测试季铵阳离子-辛烯基琥珀酸酯淀粉浆膜的耐屈曲次数,每种浆膜样品重复实验 30 次,取平均值。

(6)水溶时间测试

按照文献[18]介绍的方法,测试季铵阳离子-辛烯基琥珀酸酯淀粉浆膜的水溶时间,记录浆膜样品在水中溶断时间。每种浆膜样品重复实验 20 次,计算试样的平均水溶时间和变异系数。

(7)膨润率测试

按照文献[19]介绍的方法,测试季铵阳离子-辛烯基琥珀酸酯淀粉浆膜的膨润率。具体方法如下:烘箱温度调成 105 ℃,将方形浆膜试样(20 mm×20 mm)烘至恒重,冷却至室温后称重。再将称重后的试样放入 60 ℃的蒸馏水中,30 min 后取出浆膜,吸去多余水分,浆膜称重。

按下式计算浆膜的膨润率:

$$S_d = \frac{W_1 - W_0}{W_0} \times 100\%$$ (3-4)

式中　S_d——浆膜的膨润率,%;

　　　W_0——浸泡前浆膜干重,g;

　　　W_1——浸泡后浆膜重量,g。

(8)回潮率测试

按照文献[20]介绍的方法,测试季铵阳离子-辛烯基琥珀酸酯淀粉浆膜的回潮率。具体方法如下:将浆膜试样裁成方形(20 mm×20 mm),放于烘箱中,将温度调至 110 ℃,使浆膜脱水干燥,待浆膜试样质量不再发生变化之后,取出并放于干燥器内冷却,再准确称量试样质量,精度为 0.001 g。调温调湿箱温湿条件:20 ℃、相对湿度 75%。将称重后的浆膜放入调温调湿箱平衡 24 h,再称重,记录浆膜质量,精度为 0.001 g。每种浆膜试样测试 10 次,取平均值。

浆膜回潮率按下式计算:

$$Y = \frac{A - B}{B} \times 100\% \tag{3-5}$$

式中　Y——浆膜回潮率,%;

　　　A——浆膜吸湿后的质量,g;

　　　B——浆膜干燥后的质量,g。

3.2.7　季铵阳离子-辛烯基琥珀酸酯淀粉的生物降解性

(1) 化学需氧量测试

化学需氧量(Chemical Oxygen Demand,简称 COD),是指在一定条件下,季铵阳离子-辛烯基琥珀酸酯淀粉浆液中有机物被强氧化剂氧化所消耗氧的质量浓度。

按照文献[21]介绍的方法,测试淀粉浆液的化学需氧量,按下式计算 COD(mg/g)值:

$$\text{COD} = \frac{c \times (V_1 - V_2) \times 8\ 000}{V_0 \times m} \times V_3 \tag{3-6}$$

式中　c——硫酸亚铁铵标准滴定溶液的浓度,mol/L;

　　　V_1——空白实验所消耗的硫酸亚铁铵标准溶液的体积,mL;

　　　V_2——试样所消耗的硫酸亚铁铵标准溶液的体积,mL;

　　　V_0——试样的体积,mL;

　　　V_3——浆料样品的总体积,L;

　　　$8\ 000$——$\frac{1}{4}O_2$ 的摩尔质量以 mg/mol 为单位的换算值;

　　　m——称取的试样质量,g。

(2) 生化需氧量测试

生化需氧量(Biochemical Oxygen Demand,简称 BOD$_5$),是指在有氧条件下,季铵阳离子-辛烯基琥珀酸酯淀粉浆液中有机物被微生物分解所需要溶解氧的量。具体来说,是将样品在(20±1) ℃环境下培养 5 天,生化需氧量为培养前的溶氧量和培养后的溶氧量之差。

按照文献[21]介绍的方法,测定淀粉浆液的生化需氧量,根据下式计算 BOD_5（mg/L）值：

$$BOD_5 = \left[(c_1 - c_2) - \frac{V_t - V_e}{V_t}(c_3 - c_4) \right] \times \frac{V_t}{V_e \times m} \times V_j \qquad (3-7)$$

式中　c_1——在初始计时时试样溶液的溶解氧浓度,mg/L；

c_2——培养 5 天时试样溶液的溶解氧浓度,mg/L；

c_3——在初始计时时空白溶液的溶解氧浓度,mg/L；

c_4——培养 5 天时空白溶液的溶解氧浓度,mg/L；

V_e——制备该试样水样用去的样品体积,mL；

V_t——该试样水样的总体积,mL；

V_j——浆料样品的总体积,L；

m——浆料样品的质量,g。

3.3　结果与讨论

3.3.1　季铵阳离子-辛烯基琥珀酸酯淀粉表征分析

（1）变性程度

取代基摩尔比值不同的油水两亲性淀粉合成反应变性程度见表 3-2。

表 3-2　取代基摩尔比值不同的油水两亲性淀粉合成反应变性程度

淀粉种类	变性程度	亲油性取代基		亲水性取代基	
		OSA 用量/mL	DS_o	CHPTMA 用量/g	DS_h
	0.050	0	0	30.0	0.051
	0.048	7.0	0.014	17.0	0.034
季铵阳离子-辛烯基琥珀酸酯淀粉	0.050	17.0	0.026	11.0	0.024
	0.051	33.0	0.036	6.0	0.015
	0.049	66.0	0.049	0	0

在给定的变性程度下,通过控制合成反应中亲水性取代基和亲油性取代

基的用量,制备一系列官能团摩尔比值不同的油水两亲性淀粉。由表 3-2 可知,淀粉衍生物的亲油性取代基取代度随着反应体系中 OSA 用量的增加而增大,淀粉衍生物的亲水性取代基取代度随着反应体系中 CHPTMA 用量的增加而增大。

为了便于比较油水两亲性官能团的摩尔比值对淀粉性能的影响,取 P_o 为亲油性取代基占总取代基的摩尔百分比,不同取代度下所引入亲油性取代基占总取代基的摩尔百分比值见表 3-3。

表 3-3　不同取代度下所引入亲油性取代基占总取代基的摩尔百分比值

淀粉种类	变性程度	DS_o	DS_h	P_o/%
季铵阳离子-辛烯基琥珀酸酯淀粉	0.051	0	0.051	0
	0.048	0.014	0.034	29.2
	0.050	0.026	0.024	52
	0.051	0.036	0.015	70.6
	0.049	0.049	0	100

（2）反应效率

取代基摩尔比值不同的油水两亲性淀粉的合成反应效率见表 3-4。

表 3-4　取代基摩尔比值不同的油水两亲性淀粉的合成反应效率

淀粉种类	P_o/%	亲油性取代基		亲水性取代基	
		DS_o	E_o/%	DS_h	E_h/%
季铵阳离子-辛烯基琥珀酸酯淀粉	0	0	/	0.051	49.3
	29.2	0.014	68.2	0.034	58.0
	52.0	0.026	52.2	0.024	63.3
	70.6	0.036	37.2	0.015	72.5
	100	0.049	25.3	0	/

由表 3-4 可知,季铵阳离子-辛烯基琥珀酸酯油水两亲性淀粉的合成反应

效率与取代度密切相关,随着亲油性取代基和亲水性取代基取代度的增加,两种反应的反应效率随之降低。这是因为在较高的取代度下,随着反应的进行,淀粉颗粒表面活性的羟基逐渐被季铵阳离子和辛烯基琥珀酸酯基所取代,随着淀粉颗粒表面的羟基数量减少,反应体系中更多的取代基必须与淀粉颗粒内的无定形区的羟基发生反应,在非晶区的渗透过程中,可能还会发生取代基与水的副反应[22]。这都导致了随着取代度的增加,反应效率逐渐降低。

(3)红外光谱分析

红外光谱图是表征分子结构的一种有效手段,是根据不同分子对波长不同的红外射线吸收情况不同,产生的独有红外吸收光谱,用来对分子进行结构鉴定与分析的一种方法[23-24]。

酸解淀粉和季铵阳离子-辛烯基琥珀酸酯油水两亲性淀粉的红外光谱如图 3-3 所示。

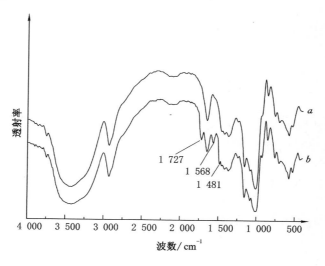

图 3-3　淀粉的红外光谱图

由图 3-3 可见,季铵阳离子-辛烯基琥珀酸酯油水两亲性淀粉(曲线 b)除了保留酸解淀粉(曲线 a)的特征吸收峰外,还产生了 3 个新的特征吸收峰。其中,C-N 伸缩振动特征峰为 1 481 cm⁻¹ 处出现的特征峰[25-27],由此证明季铵阳离子取代基在淀粉大分子链上的存在。另外,羧基的不对称伸缩振动特征峰出现在 1 568 cm⁻¹ 处[28-30],酯羰基的伸缩振动特征峰出现在 1 727 cm⁻¹

处[31-33]，这两处特征峰的出现证实了淀粉分子链上辛烯基琥珀酸酯取代基的存在。

3.3.2　季铵阳离子-辛烯基琥珀酸酯淀粉浆膜表征分析

本书用 X 射线衍射来表征淀粉浆膜的结晶性质和结构，在 XRD 衍射图中，尖峰衍射特征和弥散衍射特征分别表示试样的结晶结构和无定形结构，淀粉浆膜的结晶性质可以通过尖峰衍射特征和弥散衍射特征的比例来确定，淀粉改性后的浆膜结晶性能可以通过两种衍射特征的变化来反映，由 X 射线衍射图还可以测定淀粉浆膜的结晶度大小。

淀粉浆膜的 XRD 衍射图如图 3-4 所示。

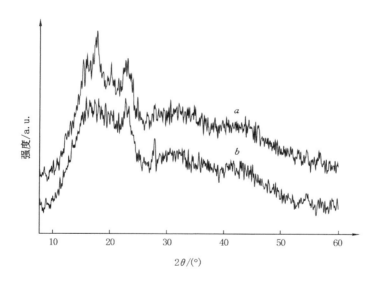

图 3-4　淀粉浆膜 XRD 衍射图

由图 3-4 可知，与酸解淀粉浆膜（曲线 a）相比，季铵阳离子-辛烯基琥珀酸酯油水两亲性淀粉浆膜（曲线 b）的晶峰面积明显减小。淀粉经油水两亲性变性后，引入季铵阳离子取代基和辛烯基琥珀酸酯基，引入的取代基由于其空间位阻作用，淀粉分子间距离得到增大，抑制了淀粉中羟基间的氢键缔合作用，阻碍了淀粉分子链间的平行有序排列，起到了淀粉内增塑的作用，从而降低了淀粉浆膜的结晶度。

3.3.3 油水两亲性官能团摩尔比值对淀粉黏附性能的影响

3.3.3.1 对黏度和黏度热稳定性的影响

淀粉浆液属于非牛顿流体,影响浆液黏度的主要因素为温度、浆液流动时间、浆料的分子结构等。油水两亲性官能团摩尔比值对淀粉浆液黏度和黏度热稳定性的影响见表 3-5。

表 3-5 油水两亲性官能团摩尔比值对淀粉浆液黏度和黏度热稳定性的影响

淀粉种类	$P_o/\%$	黏度/mPa·s	黏度热稳定性/%
酸解淀粉	/	9.0	88.9
季铵阳离子-辛烯基琥珀酸酯淀粉	100	6.4	85.9
	70.6	7.0	87.1
	52.0	7.1	87.3
	29.2	8.5	88.2
	0	10.1	91.1

由表 3-5 可知,随着 P_o 的减小,即随着亲油性取代基占总取代基的摩尔百分比的减小,季铵阳离子-辛烯基琥珀酸酯油水两亲性淀粉的黏度增大,黏度热稳定性有所改善。随着淀粉大分子链上亲油性取代基引入比例的减小,淀粉的亲水性逐渐增强,提升了淀粉分子与水分子间的相互作用和亲和性,有助于降低剪切作用和高温对淀粉分子链的降解作用,使黏度热稳定性得到了一定程度的改善。

3.3.3.2 对黏附力的影响

黏附力是指浆料与纱线之间的作用力[34]。浆料的黏附性能通常用黏附力或黏合强度表示,浆料的黏附性能直接影响着浆纱生产质量和生产效率。油水两亲性官能团摩尔比值对棉纤维黏附性能的影响见表 3-6,油水两亲性官能团摩尔比值对涤纶纤维黏附性能的影响见表 3-7。

表 3-6　油水两亲性官能团摩尔比值对棉纤维黏附性能的影响

淀粉种类	变性程度		$P_o/\%$	黏合强度 /(cN/tex)	CV/%
	DS_h	DS_o			
季铵阳离子-辛烯基 琥珀酸酯淀粉	0.051	0	0	17.0	5.47
	0.034	0.014	29.2	17.4	6.82
	0.024	0.026	52.0	18.0	7.23
	0.015	0.036	70.6	18.3	6.91
	0	0.049	100	17.9	5.58

表 3-7　油水两亲性官能团摩尔比值对涤纶纤维黏附性能的影响

淀粉种类	变性程度		$P_o/\%$	黏合强度 /(cN/tex)	CV/%
	DS_h	DS_o			
季铵阳离子-辛烯基 琥珀酸酯淀粉	0.051	0	0	30.8	7.45
	0.034	0.014	29.2	31.2	8.81
	0.024	0.026	52	31.9	8.92
	0.015	0.036	70.6	32.4	8.26
	0	0.049	100	31.7	7.74

当 P_o 为 0 时,表明在淀粉大分子链上仅引入了季铵阳离子基团,此时改性的淀粉为季铵阳离子淀粉;当 P_o 为 100% 时,表明在淀粉大分子链上仅引入了辛烯基琥珀酸酯基,此时改性的淀粉为辛烯基琥珀酸酯化淀粉。

由以上各表可知,在淀粉大分子链上同时引入季铵阳离子基团和辛烯基琥珀酸酯基,油水两亲性淀粉对纤维的黏合强度均高于季铵阳离子淀粉和辛烯基琥珀酸酯化淀粉,表明在改善淀粉黏附性方面,油水两亲化改性优于单一的季铵阳离子化和辛烯基琥珀酸酯化改性。随着 P_o 的增大,季铵阳离子-辛烯基琥珀酸酯油水两亲性淀粉浆料对棉纤维和涤纶纤维的黏合强度均先增大后减小,且在 P_o 为 70.6% 时,黏合强度都达到最大值。

要使浆料对纤维有足够好的黏附性能,首先要求浆料能很好地湿润纤维,即浆液能迅速在纤维表面铺展开来,实现两相的紧密接触,以达到良好的黏合效果。但浆料对纱线的润湿只是黏附性的先决条件,而不是充分条件,浆料和纱线之间的结合力才是黏附性的实质。从现有的黏附机理来看,主要是用扩散理论来解释浆料与纤维之间的黏附作用。当纤维进入浆液时,浆液将纤维润湿,纤维表面对浆液产生吸附作用,两者产生分子间作用力。同时,纤维和浆料分子相互扩散和渗透,使得两相界限变得模糊,从而牢固地结合起来,形成扩散黏附层,随着扩散的深入,两者之间产生很高的黏附强度。此外,根据相似相容原理[35],浆料和纤维之间的黏附作用跟两种材料之间的极性有关,如果浆料和纤维极性相同,则两者之间的黏附力高,这也是根据纤维结构和性质选择不同浆料的原因。影响浆料黏附性的因素很多,主要是受浆料的结构和性质、纤维的结构和性质以及上浆工艺条件等决定。

在淀粉大分子链上同时引入亲水性和亲油性取代基,这些基团的引入进一步增加了淀粉的亲水性,提高了淀粉浆液的水分散性,有利于改善淀粉浆液对纤维的黏附性能。同时,引入的亲油性基团具有疏水性,根据极性相似原理,有利于改善季铵阳离子-辛烯基琥珀酸酯淀粉对涤纶等合成纤维的黏附性能。同时,引入的这两种基团还赋予了淀粉大分子油水两亲的结构特征,使表面活性变强,季铵阳离子-辛烯基琥珀酸酯淀粉浆液的润湿和铺展性能得到改善。这些综合因素均提高了季铵阳离子-辛烯基琥珀酸酯淀粉的黏附性能。

3.3.3.3 对表面张力的影响

当液体与固体或气体接触时,在液体的内部,分子的内聚力使分子相互吸引而保持着平衡;在液体的表面,这种内聚力向液体内部作用,使得液体表面的面积变小,在这种状态下液体表面被紧紧地拉向液体内部,液体的自由表面好像拉紧的弹簧薄膜,这种现象表明液体表面各部分之间存在着相互作用的拉力,这种作用力就是液体的表面张力[36]。表面张力越大,表明液体表面各部分之间的相互作用力越大,越不利于铺展和润湿,而从黏附的基本原理和影响浆液黏附性的因素考虑,作为黏合剂的纺织浆料,其较强的扩散能力、良好的铺展和润湿性又有利于浆料黏附性能的提高。

油水两亲性官能团摩尔比值对浆液表面张力的影响如图 3-5 所示。

由图 3-5 可知,在淀粉浆液浓度为 0.5% 和 1% 的情况下,随着 P_o 的增大,季铵阳离子-辛烯基琥珀酸酯油水两亲性淀粉大分子链上亲油性取代基在

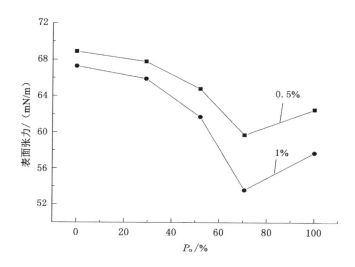

图 3-5　油水两亲性官能团摩尔比值对浆液表面张力的影响

不断增多,淀粉浆液的表面张力先降低后升高。当 P_o 为 70.6％时,季铵阳离子-辛烯基琥珀酸酯淀粉浆液的表面张力降到最低。由表面张力测试结果可知,当浆液浓度为 0.5％时,酸解淀粉的表面张力为 70.0 mN/m;当浆液浓度为 1％时,酸解淀粉的表面张力为 68.6％。可见,在淀粉大分子链上引入一定比例的亲水性和亲油性取代基后浆液的表面张力均小于酸解淀粉浆液,这说明这种油水两亲性的改性可以有效地降低淀粉浆液的表面张力。在淀粉大分子链上同时增加季铵阳离子基团和辛烯基琥珀酸酯基,由于淀粉浆液中季铵阳离子基团和辛烯基琥珀酸酯基的同时存在,会产生定向吸附,即亲水基定位在水中、亲油基指向气相,形成定向单分子层,导致浆液的表面张力下降,这样的两亲性结构使得浆液具有表面活性[37];同时,在这个结构中,无论是亲水性的基团还是亲油性的基团,与水分子的作用力均较小,随着变性程度的进一步增大,增加了这些基团在浆液表面的集聚数量,进一步降低了浆液的表面张力。淀粉浆液表面张力的降低,对于其铺展和润湿有利,可以有效提高淀粉浆液对纤维的黏附性能[38-40]。

3.3.3.4　对 Zeta 电位的影响

Zeta 电位是当带电固体与液体介质发生相对运动时,液体内部与运动界面之间产生的电位差。油水两亲性官能团摩尔比值对淀粉浆液 Zeta 电位的影响如图 3-6 所示。

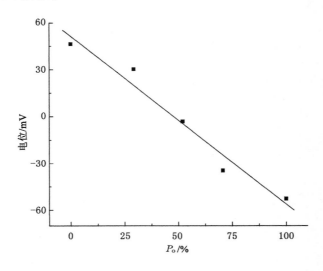

图 3-6　油水两亲性官能团摩尔比值对淀粉浆液 Zeta 电位的影响

　　由图 3-6 可知,随着 P_o 的增大,季铵阳离子-辛烯基琥珀酸酯油水两亲性淀粉浆液的电位由正转向负,且淀粉浆液的电位与 P_o 呈线性关系。因此,在季铵阳离子-辛烯基琥珀酸酯油水两亲性淀粉大分子链上增加亲水性取代基,淀粉浆液的电位会提高;相反,增加亲油性取代基,淀粉浆液的电位会降低。

　　当淀粉浆液和纤维带相反的电荷时,在界面上往往会发生电子转移,并形成双层电荷,在界面处产生静电引力,有利于黏附力的提高。众所周知,棉纤维和涤纶纤维在水中均带负电荷,在淀粉大分子链上同时引入季铵阳离子基团和辛烯基琥珀酸酯基,当 P_o 较小时,引入的亲水性基团较多、亲油性基团较少,此时油水两亲性淀粉浆液的 Zeta 电位呈正电位,油水两亲性淀粉浆液与带负电荷的纤维接触,在界面处产生静电引力。所以与酸解淀粉相比,呈现正电位的季铵阳离子-辛烯基琥珀酸酯油水两亲性淀粉对纤维的黏附作用变好。

　　理论上来说,较高的正电位对带负电荷的纤维黏附力应该较大,然而由表 3-6、表 3-7 和图 3-6 可见,当 P_o 为 0 时,淀粉大分子链上引入的均为带正电荷的季铵阳离子取代基团,对应的季铵阳离子-辛烯基琥珀酸酯淀粉浆液的电位最高,但对两种纤维该变性淀粉并没有表现出最强的黏附性能。当 P_o 为 100% 时,淀粉大分子链上引入的全部是亲油性的取代基团,此时对应的淀粉浆液的电位为负值,导致在淀粉浆液与纤维的界面产生静电排斥,这种静电排斥降低了黏合纤维界面处分子间的静电吸引力,对黏合性会产生负面作用。

随着 P_o 的增大,油水两亲性淀粉对纤维的黏合强度逐渐增加,且当 P_o 为 70.6% 时达到最大值。理论上,随着 P_o 的增大,油水两亲性淀粉浆液的电位会逐渐降低,由正电位逐渐变为负电位,这种趋势不利于淀粉对纤维的黏合。影响淀粉黏附性能的因素较多,电位和表面张力都是影响淀粉黏附性能的重要因素,但很多时候往往是多因素综合影响的结果。对油水两亲性淀粉的黏附性来说,此时应当是电位和表面张力对纤维黏附性的综合作用,致使该油水两亲性淀粉的黏合强度随着 P_o 的增大而逐渐增加,且当 P_o 为 70.6% 时达到最大值。当 P_o 为 70.6% 时,季铵阳离子-辛烯基琥珀酸酯油水两亲性淀粉对纤维的黏附性最好,这是由于在这个油水两亲性官能团摩尔比值下,该油水两亲性淀粉浆液的表面张力最小,具有更强的表面活性,此时淀粉浆液的电位虽然仍为负值,但明显高于辛烯基琥珀酸酯化淀粉浆液的电位,降低了界面的静电排斥。综上所述,对淀粉进行油水两亲化改性,有利于提高淀粉浆液的黏附性能,当亲油取代基占总取代基的摩尔百分比为 70.6% 时,季铵阳离子-辛烯基琥珀酸酯油水两亲性淀粉浆料对纤维的黏附性能最佳。

3.3.4　油水两亲性官能团摩尔比值对淀粉浆膜性能的影响

3.3.4.1　淀粉浆膜的结晶度

淀粉浆膜的结晶度根据浆膜 XRD 衍射图计算得到。通过计算,酸解淀粉浆膜结晶度为 18.7%,季铵阳离子-辛烯基琥珀酸酯油水两亲性淀粉浆膜的结晶度为 14.6%,这表明对淀粉进行这种油水两亲化改性可以有效降低淀粉浆膜的结晶度。这是由于在淀粉大分子链上同时引入的季铵阳离子基团和辛烯基琥珀酸酯基具有较强的空间位阻作用,能够增大淀粉分子间的距离;通过干扰淀粉分子羟基间的缔合而降低淀粉分子间的氢键作用,扰乱浆膜形成过程中淀粉分子链的有序排列,从而使油水两亲化改性后的淀粉浆膜结晶度下降。

3.3.4.2 对浆膜力学性能和回潮率的影响

断裂强度、断裂伸长率和断裂功都是反映淀粉浆膜力学性能的指标。在织造时,经纱在织机上会有一定量的拉伸变形和受到其他机械作用,为了提高经纱的可织性,浆膜必须起到保护经纱的作用,因此,要求浆膜要具有一定的强韧性、良好的弹性以及适应所需形变的能力。

油水两亲性官能团摩尔比值对淀粉浆膜力学性能的影响见表 3-8。

表 3-8 油水两亲性官能团摩尔比值对淀粉浆膜力学性能的影响

淀粉种类	P_o /%	断裂强度		断裂伸长率		断裂功	
		平均值/MPa	CV/%	平均值/%	CV/%	平均值/mJ	CV/%
酸解淀粉	/	30.74	10.28	2.14	9.24	40.13	9.73
季铵阳离子-辛烯基琥珀酸酯淀粉	100	28.02	9.52	3.36	8.65	58.37	9.54
	70.6	27.56	9.97	3.61	9.71	62.68	9.67
	52	27.09	9.60	3.88	7.36	68.32	9.41
	29.2	28.05	10.32	3.66	8.82	65.19	9.13
	0	28.90	8.66	3.47	8.28	62.68	9.82

由表 3-8 可见,与酸解淀粉相比,淀粉经过油水两亲化改性后,淀粉浆膜的断裂伸长率和断裂功均增大,断裂强度略有减小。由此表明,这种油水两亲化改性可以降低淀粉浆膜的脆性,提高浆膜的柔韧性。在给定的变性程度下,随着 P_o 的减小,油水两亲性淀粉浆膜的断裂强度变化不大,断裂伸长率和断裂功则先增大后减小。当 P_o 为 52% 时,季铵阳离子-辛烯基琥珀酸酯油水两亲性淀粉浆膜的断裂伸长率和断裂功达到最大值。

油水两亲性官能团摩尔比值对淀粉浆膜回潮率的影响如图 3-7 所示。

由图 3-7 可知,随着 P_o 的增大,油水两亲性淀粉浆膜的回潮率减小。这是由于随着 P_o 的增大,淀粉大分子链上引入的亲水性基团减少、亲油性基团增多,淀粉的亲水性减弱,导致淀粉浆膜的回潮率减小。与酸解淀粉浆膜的回潮率相比较,经测试酸解淀粉浆膜回潮率为 13.2%,对淀粉进行油水两亲性变性,随着淀粉大分子链上引入亲水性和亲油性的取代基,季铵阳离子-辛烯基

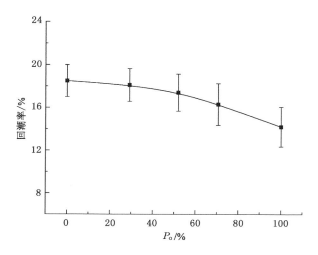

图 3-7　油水两亲性官能团摩尔比值对淀粉浆膜回潮率的影响

琥珀酸酯油水两亲性的淀粉浆膜回潮率均大于酸解淀粉浆膜,这是由于淀粉大分子链上引入的亲水基团所导致的回潮率增大。

一般而言,浆料的内聚力越高,浆膜的断裂强度会越大;浆料分子链的柔顺性越好,浆膜的断裂伸长率就会越高。在淀粉大分子链上同时引入亲水性季铵阳离子基团和亲油性辛烯基琥珀酸酯基,当亲油性取代基引入量较少时,随着亲油性取代基增多,空间位阻作用提升,淀粉分子链的柔顺性变好,淀粉浆膜的断裂伸长率增大。亲油性取代基的进一步增多,会降低淀粉膜的回潮率,浆膜的含水量降低,使水分对淀粉浆膜的增塑作用降低,且油水两亲性淀粉中随着亲油性取代基比例的增大,淀粉水分降低,不利于成膜过程中分子链间的缠结和扩散,成膜性降低。通过这些综合作用,随着油水两亲性淀粉大分子中 P_o 的减小,淀粉浆膜的断裂伸长率呈现先增大后减小的趋势,当 P_o 为 52% 时,季铵阳离子-辛烯基琥珀酸酯油水两亲性淀粉浆膜的柔韧性最好。

3.3.4.3　对浆膜耐磨性和耐屈曲性的影响

经纱在织造过程中,经纱与机器之间会发生反复摩擦,经纱表面的浆膜直接承受摩擦作用。经纱能否抵抗机器摩擦的性能与浆膜的耐磨性密切相关。

油水两亲性官能团摩尔比值对淀粉浆膜耐磨性的影响见表 3-9。

表 3-9　油水两亲性官能团摩尔比值对淀粉浆膜耐磨性的影响

淀粉种类	变性程度		P_o/%	磨耗	
	DS_h	DS_o		平均值/(mg/cm^2)	CV/%
酸解淀粉	/	/	/	0.61	12.6
季铵阳离子-辛烯基琥珀酸酯淀粉	0	0.049	100	0.51	13.8
	0.015	0.036	70.6	0.49	15.2
	0.024	0.026	52.0	0.46	12.3
	0.034	0.014	29.2	0.53	13.7
	0.051	0	0	0.55	14.3

由表 3-9 可知,季铵阳离子-辛烯基琥珀酸酯油水两亲性淀粉浆膜的磨耗均小于酸解淀粉浆膜的磨耗,这表明对淀粉进行油水两亲化改性可以提升淀粉浆膜的耐磨性。油水两亲性淀粉浆膜的耐磨性与油水两亲性官能团的摩尔比值密切相关,在给定的变性程度下,随着 P_o 的减小,油水两亲性淀粉浆膜的磨耗呈先减小后增大的趋势。当 P_o 为 52% 时,油水两亲性淀粉浆膜的磨耗最小,浆膜的耐磨性最好。这是因为浆膜的断裂功是浆膜的断裂强度及断裂伸长率的综合值,浆膜的耐磨性则是浆料内聚力及其分子链柔顺性的综合表现[41]。随着 P_o 的增大,油水两亲性淀粉浆膜的断裂伸长率先提高后降低,因此油水两亲性淀粉浆膜的耐磨性也呈现先增大后减小的趋势。

在织造过程中,经纱在受拉伸和摩擦作用之外,还有屈曲疲劳应力对其的作用。经纱的抗疲劳性与淀粉浆膜的耐屈曲性能关系密切,浆膜的耐屈曲性越好,经纱的抗疲劳性就越好,因此耐屈曲性也是淀粉浆膜重要的性能指标之一。

油水两亲性官能团摩尔比值对淀粉浆膜耐屈曲性的影响见表 3-10。

表 3-10　油水两亲性官能团摩尔比值对淀粉浆膜耐屈曲性的影响

淀粉种类	变性程度		P_o/%	耐屈曲次数	
	DS_h	DS_o		平均值/次	CV/%
酸解淀粉	/	/	/	1 327	15.7
季铵阳离子-辛烯基琥珀酸酯淀粉	0	0.049	100	1 569	17.3
	0.015	0.036	70.6	1 738	16.8
	0.024	0.026	52	1 792	18.4
	0.034	0.014	29.2	1 534	16.9
	0.051	0	0	1 423	17.3

由表 3-10 可知,对淀粉进行油水两亲化改性后,季铵阳离子-辛烯基琥珀酸酯油水两亲性淀粉浆膜的耐屈曲性相比酸解淀粉浆膜有一定的提高。在给定的变性程度下,随着 P_o 的增大,油水两亲性淀粉浆膜的耐屈曲次数先增加后减少。当 P_o 为 52% 时,油水两亲性淀粉浆膜的耐屈曲次数达到最大。

季铵阳离子-辛烯基琥珀酸酯淀粉浆膜的耐屈曲性呈现与其断裂伸长率相同的变化趋势。由淀粉浆膜结晶度的计算结果可知,对淀粉大分子进行油水两亲化改性,淀粉浆膜的结晶度减小,表明淀粉大分子中的结晶区减小、无定形区增大,因此淀粉分子链的柔顺性变好,这是导致油水两亲性淀粉浆膜耐屈曲性变好的主要原因。此外,当淀粉大分子链上引入亲水性和亲油性取代基时,借助取代基的空间位阻作用,油水两亲性淀粉浆膜的脆性得到改善,柔韧性提升,淀粉浆膜的耐屈曲性变好。在给定的变性程度下,随着 P_o 的增大,引入的亲油性取代基增多,亲水性取代基减少,亲油取代基带来的空间位阻作用增强,油水两亲性淀粉浆膜的断裂伸长率增加,因此浆膜的耐屈曲性也随之提高。但随着 P_o 的进一步增大,引入的亲油性取代基进一步增多,导致淀粉的疏水性进一步增强,水分对淀粉浆膜的增塑作用降低,淀粉的成膜性降低,因此油水两亲性淀粉浆膜的耐屈曲性降低。

3.3.4.4　对浆膜水溶时间和膨润率的影响

纺织加工过程中,为便于织造工序的顺利进行,需对在织造过程中经受较大力学作用和机械摩擦的经纱进行上浆处理,但是在经纱上留存的浆料会对后期织物染色等工序造成不良的影响。因此,在织造完成后,需要对织物进行退浆处理以去除附着在经纱上的浆料,这样就要求用于纺织上浆的材料必须具备良好的退浆性,便于在退浆时去除得彻底干净。

对于织物的退浆,一般采用的是用碱、酶、氧化剂等退浆的方法。从退浆原理来看,织物分为两个步骤:① 纱线上的浆膜在退浆化学试剂的作用下发生溶胀,由之前上浆时的凝胶状态变成溶胶状态,与纤维之间的黏附松懈下来,破坏浆料与纤维的黏合作用。② 外力和水洗使得浆料与纱线分离,退下的浆料溶于水中。对于淀粉浆料来说,一般采用淀粉酶退浆,由淀粉酶对淀粉大分子产生的水解作用将淀粉大分子降解成可以溶解在水中的葡萄糖、麦芽糖等聚合物,淀粉酶对纤维几乎没有什么损伤,且易水洗。但淀粉酶退浆不适合含有淀粉之外其他浆料成分的退浆,其他混合浆料一般用碱退浆。由织物的退浆原理可知,浆料浆膜的水溶时间和膨润率对织物退浆性能的影响较大,是评价浆料退浆性能的重要指标[42],水溶性好和膨润率高的浆膜易退浆。

油水两亲性官能团摩尔比值对淀粉浆膜水溶时间的影响见表 3-11。

表 3-11　油水两亲性官能团摩尔比值对淀粉浆膜水溶时间的影响

淀粉种类	变性程度		P_o/%	水溶时间		厚度	
	DS_h	DS_o		平均值/s	CV/%	平均值/mm	CV/%
酸解淀粉	/	/	/	248	21.6	0.091	10.4
季铵阳离子-辛烯基琥珀酸酯淀粉	0	0.049	100	177	22.7	0.090	9.37
	0.015	0.036	70.6	142	23.2	0.095	8.44
	0.024	0.026	52.0	114	25.9	0.097	8.78
	0.034	0.014	29.2	96	24.3	0.092	7.97
	0.051	0	0	86	22.5	0.094	8.23

由表 3-11 可知,油水两亲性淀粉浆膜的水溶时间小于酸解淀粉浆膜,并且随着 P_o 的减小,油水两亲性淀粉浆膜的水溶时间逐渐缩短。

油水两亲性官能团摩尔比值对淀粉浆膜膨润率的影响如图 3-8 所示。

由图 3-8 可知,随着 P_o 的增大,油水两亲性淀粉浆膜的膨润率逐渐减小。

经测试,酸解淀粉浆膜的膨润率为 261%,显而易见,改性后的油水两亲性淀粉浆膜的膨润率均大于酸解淀粉浆膜,这说明对淀粉进行油水两亲化改性对于提升淀粉浆膜的膨润率是有效的。因为引入的亲水性阳离子基团有效

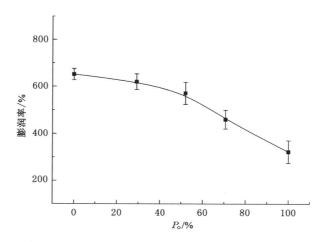

图 3-8　油水两亲性官能团摩尔比值对淀粉浆膜膨润率的影响

地增加了油水两亲化改性淀粉的亲水性,导致水分子更容易进入浆膜的无定型区的间隙。所以对淀粉进行油水两亲化改性,有效地降低了淀粉浆膜的水溶时间,提升其膨润率,而水溶时间的缩短和膨润率的提升都十分有利于提高淀粉浆料的退浆性能。

3.3.5　油水两亲性官能团摩尔比值对淀粉生物降解性的影响[43-44]

经纱上浆是为了提高经纱的可织性,保障织造加工的顺利进行。经纱在完成织造后,退浆是为了去除浆料对印染加工的影响。在退浆过程中,浆料最终在水洗的作用下从织物上退下来,存在于退浆产生的废水里。而退浆废水被认为是纺织业污染的一个重要源头,因此在很多国家的纺织品生产标准中,都明确规定了不能使用生物降解性差的上浆原料。淀粉浆料的生物降解性是淀粉浆料能否被实际应用的一个重要指标。

通常,生化需氧量(BOD_5)和化学需氧量(COD)的比值可用来评价有机污染物的生物降解性。如果 BOD_5 和 COD 的比值越大,说明有机物污染物越容易被微生物降解。依据 BOD_5 和 COD 的比值大小,可将有机污染物的生物降解性分为以下四类[45]:① $BOD_5/COD > 0.4$,易生物降解;② $0.3 < BOD_5/COD < 0.4$,可生物降解;③ $0.2 < BOD_5/COD < 0.3$,不易生物降解;④ $BOD_5/COD < 0.2$,生物降解性差。

油水两亲性官能团摩尔比值对淀粉生物降解性的影响见表 3-12。

表 3-12　油水两亲性官能团摩尔比值对淀粉生物降解性的影响

淀粉种类	$P_o/\%$	$BOD_5/(mgO_2/L)$	$COD/(mgO_2/L)$	BOD_5/COD
酸解淀粉	/	36.9	103.2	0.357
季铵阳离子-辛烯基琥珀酸酯淀粉	100	36.3	104.8	0.346
	70.6	35.2	107.8	0.327
	52	34.7	110.2	0.315
	29.2	33.8	110.7	0.305
	0	33.7	112.3	0.301

由表 3-12 可知,与酸解淀粉相比,季铵阳离子-辛烯基琥珀酸酯油水两亲性淀粉的生物降解性有所下降,但其 BOD_5/COD 比值均超过 0.3,改性后的淀粉仍然可生物降解。亲油性取代基对淀粉生物降解性的影响较小,亲水性取代基对淀粉生物降解性的影响显著。随着 P_o 的减小,淀粉大分子中的亲油性取代基减少、亲水性取代基比例增大,淀粉的 BOD_5/COD 比值和 BOD_5 值减小。这是因为随着阳离子取代度的增加,引入淀粉分子链上的季铵阳离子基团数目增多,而季铵阳离子基团对微生物生长是有抑制作用的[46]。因此,增加阳离子取代度会造成淀粉分子链上的阳离子基团数目增多,季铵阳离子基团数目增多对微生物生长的抑制作用也增强,降低了淀粉的生物降解性。

3.4　本章小结

(1) 在给定的变性程度下,通过控制合成反应中 TMACHP 和 OSA 用量,制备出一系列油水两亲性官能团摩尔比值不同的油水两亲性变性淀粉。随着 TMACHP 和 OSA 用量的增加,季铵阳离子化和辛烯基琥珀酸酯化取代度均逐渐增大,但反应效率逐渐降低。随着 P_o 的增大,季铵阳离子-辛烯基琥珀酸酯油水两亲性淀粉的黏度变化不大,黏度热稳定性略有降低,但均符合淀粉浆料对黏度和黏度热稳定的要求。

(2) 在淀粉大分子链上同时引入亲水性的季铵阳离子基团和亲油性的辛

烯基琥珀酸酯基,这种油水两亲性的改性方法有效地改善了淀粉的黏附性能,并且淀粉的黏附性能与油水两亲性官能团摩尔比值密切相关。在给定的变性程度下,随着 P_o 的增大,油水两亲性淀粉对棉纤维和涤纶纤维的黏合强度都是先增大后减小,且当 P_o 为 70.6% 时,黏合强度达到最大。表面张力和电位的综合作用是呈现这种结果的主要影响因素。

(3)与酸解淀粉浆膜相比,经季铵阳离子基团和辛烯基琥珀酸酯基改性后的油水两亲性淀粉浆膜的结晶度降低,浆膜的柔韧性变好;随着 P_o 的增大,油水两亲性淀粉的断裂伸长率和断裂功先增大后减小,且当 P_o 为 52% 时,油水两亲性淀粉浆膜的断裂伸长率和断裂功达到最大值。随着 P_o 的增大,与酸解淀粉浆膜相比较,油水两亲性淀粉浆膜的水溶时间缩短、膨润率增大,有利于淀粉浆料退浆。

(4)与酸解淀粉相比,经季铵阳离子-辛烯基琥珀酸酯改性后的油水两亲性淀粉生物降解性有所下降,但其 BOD_5/COD 比值均超过 0.3,满足淀粉可生物降解的要求。从淀粉的生物降解性来看,亲油性取代基取代度对其影响较小,亲水性取代基取代度对其影响较大。

(5)对淀粉进行油水两亲化改性,可以有效改善淀粉作为纺织浆料的使用性能。综合考虑上述实验结果,季铵阳离子-辛烯基琥珀酸酯油水两亲性淀粉引入的油水两亲性官能团摩尔比值取在 50%~70% 之间为宜。

参考文献

[1] ZHU Z F,CHENG Z Q.Effect of inorganic phosphates on the adhesion of mono-phosphorylated cornstarch to fibers[J].Starch-stärke,2008,60 (6):315-320.

[2] ZHU Z F,LEI Y.Effect of chain length of the alkyl in quaternary ammonium substituents on the adhesion-to-fiber,aerobic biodegradation,and desizability of quaternized cornstarch[J].Journal of adhesion science and technology,2015,29(2):116-132.

[3] LI W,ZHU Z F.Electroneutral maize starch by quaterization and sulfosuccination for strong adhesion-to-viscose fibers and easy removal[J].The journal of adhesion,2016,92(4):257-272.

[4] SHEN S Q,ZHU Z F,LIU F D.Introduction of poly [(2-acryloyloxyethyl tri-methyl ammonium chloride)-co-(acrylic acid)] branches onto starch for cotton warp sizing[J].Carbohydrate polymers,2016,138:280-289.

[5] 张淑芬,朱维群,杨锦宗.高取代度羧甲基淀粉的合成及应用研究 Ⅰ.高取代度羧甲基淀粉的合成[J].精细化工,1999,16(1):53-56.

[6] HEINZE T,HAACK V,RENSING S.Starch derivatives of high degree of functionalization.7.preparation of cationic 2-hydroxypropyltrimethyl-ammonium chloride starches[J].Starch-stärke,2004,56(7):288-296.

[7] QIU H Y,HE L M.Synthesis and properties study of carboxymethyl cassava starch[J].Polymers for advanced technologies,1999,10(7):468-472.

[8] ZHANG X D,LIU X,LI W Y.Synthesis and applied properties of car-boxymethyl cornstarch[J].Journal of applied polymer science,2003,89(11):3016-3020.

[9] 祝志峰,顾国兴,康翠珍.低取代度羧甲基淀粉对纤维黏附性能[J].高分子材料科学与工程,2003,19(4):106-109.

[10] 具本植,尹荃,张淑芬,等.疏水化淀粉衍生物研究进展[J].化学通报,2007,70(10):727-733.

[11] GENEST S,PETZOLD G,SCHWARZ S.Removal of micro-stickies from model wastewaters of the paper industry by amphiphilic starch derivatives [J].Colloids and surfaces A:physicochemical and engineering aspects,2015,484:231-241.

[12] BRATSKAYA S Y,GENEST S,PETZOLD-WELCKE K,et al.Floccu-lation efficiency of novel amphiphilic starch derivatives:a comparative study[J].Macromolecular materials and engineering,2014,299(6):722-728.

[13] HEINZE T,RENSING S,KOSCHELLA A.Starch derivatives of high degree of functionalization.13.novel amphiphilic starch products[J].Starch-stärke,2007,59(5):199-207.

[14] 周永元.纺织浆料学[M].北京:中国纺织出版社,2004.

[15] ZHU Z F,XU D S,GUO J S,et al.Comparative study on sizing proper-ties of amphoteric starch and phosphorylated starch for warp sizing[J].

Fibers and polymers,2012,13(2):177-184.

[16] CHEETHAM N W H,TAO L P.Variation in crystalline type with amylose content in maize starch granules:an X-ray powder diffraction study[J].Carbohydrate polymers,1998,36(4):277-284.

[17] 乔志勇.聚丙烯酸酯/淀粉浆膜微观结构与性能研究[D].无锡:江南大学,2011.

[18] 王苗,祝志峰.马来酸酐酯化变性对淀粉浆料的影响[J].纺织学报,2013,34(5):53-57.

[19] PARK H R,CHOUGH S H,YUN Y H,et al.Properties of starch/PVA blend films containing citric acid as additive[J].Journal of polymers and the environment,2005,13(4):375-382.

[20] ZHU Z F,ZHENG H,LI X C.Effects of succinic acid cross-linking and mono-phosphorylation of oxidized cassava starch on its paste viscosity stability and sizability[J].Starch-stärke,2013,65(9-10):854-863.

[21] 雷岩.QAS 阳离子官能团分子结构与上浆性能的研究[D].无锡:江南大学,2014.

[22] RUAN H,CHEN Q H,FU M L,et al.Preparation and properties of octenyl succinic anhydride modified potato starch[J].Food chemistry,2009,114(1):81-86.

[23] WILDE B.Analytical chemistry,quantitative and qualitative analysis [M].New York:Research Press,2018.

[24] LANYI F J,WENZKE N,KASCHTA J,et al.A method to reveal bulk and surface crystallinity of polypropylene by FTIR spectroscopy-suitable for fibers and nonwovens[J].Polymer testing,2018,71:49-55.

[25] CHANG Y J,CHOI H W,KIM H S,et al.Physicochemical properties of granular and non-granular cationic starches prepared under ultra high pressure[J].Carbohydrate polymers,2014,99:385-393.

[26] WANG Y B,XIE W L.Synthesis of cationic starch with a high degree of substitution in an ionic liquid[J].Carbohydrate polymers,2010,80(4):1172-1177.

[27] XING G X,ZHANG S F,JU B Z,et al.Study on adsorption behavior of

crosslinked cationic starch maleate for chromium(Ⅵ)[J].Carbohydrate polymers,2006,66(2):246-251.

[28] ZHANG Y,JIN R G,ZHANG L,et al.Growth of CaCO₃ in the templated Langmuir-Blodgett film of a bolaamphiphilic diacid[J]. New journal of chemistry,2004,28(5):614-617.

[29] CHI H,XU K,XUE D H,et al.Synthesis of dodecenyl succinic anhydride(DDSA)corn starch[J].Food research international,2007,40(2):232-238.

[30] RIVERO I E,BALSAMO V,MÜLLER A J.Microwave-assisted modification of starch for compatibilizing LLDPE/starch blends[J].Carbohydrate polymers,2009,75(2):343-350.

[31] THYGESEN L G,LØKKE M M,MICKLANDER E,et al.Vibrational microspectroscopy of food.Raman vs.FT-IR[J].Trends in food science and technology,2003,14(1-2):50-57.

[32] MARCAZZAN M,VIANELLO F,SCARPA M,et al.An ESR assay for α-amylase activity toward succinylated starch,amylose and amylopectin[J]. Journal of biochemical and biophysical methods,1999,38(3):191-202.

[33] ZHOU J,REN L L,TONG J,et al.Surface esterification of corn starch films:reaction with dodecenyl succinic anhydride[J].Carbohydrate polymers,2009,78(4):888-893.

[34] 张斌,周永元.替代 PVA 的接枝变性淀粉浆料的研究[J].东华大学学报(自然科学版),2005,31(6):86-89.

[35] 李伟,祝志峰.磺基丁二酸酯化淀粉的合成及其对羊毛的黏附性[J].纺织学报,2015,36(1):93-97.

[36] 向伟.工程流体力学[M].西安:西安电子科技大学出版社,2017.

[37] 祝志峰.纺织工程化学[M].上海:东华大学出版社,2010.

[38] KRSTONOŠIC V,DOKIC L,MILANOVIC J.Micellar properties of OSA starch and interaction with xanthan gum in aqueous solution[J]. Food hydrocolloids,2011,25(3):361-367.

[39] SHOGREN R,BIRESAW G.Surface properties of water soluble maltodextrin, starch acetates and starch acetates/alkenylsuccinates [J].

Colloids and surfaces A：physicochemical and engineering aspects，2007,298(3):170-176.

[40] XU Z Z,ZHU Z F,LI W,et al.Amphiphilic starch with 3-(trimethyl-ammonium chloride)-2-hydroxypropyl and octenylsuccinyl substituents for strong adhesion to fibers[J].Journal of adhesion science and technology,2018,32(6):609-624.

[41] QIAO Z Y,ZHU Z F,ZHANG B.Mechanical properties of carboxymethyl starch/acrylic copolymer blend films for warp sizing[J].Journal of Donghua University,2010,26(1):36-40.

[42] LIU F D,ZHU Z F,XU Z Z,et al.Desizability of the grafted starches used as warp sizing agents[J].Starch-stärke,2018,70(3-4):1-8.

[43] KIM T H,LEE J K,LEE M J.Biodegradability enhancement of textile wastewater by electron beam irradiation[J].Radiation physics and chemistry,2008,76(6):1037-1041.

[44] 徐珍珍,祝志峰,李伟,等.季铵醚化-辛烯基琥珀酸酯化淀粉浆料的稳定性及生物降解性[J].现代化工,2018,38(7):107-111.

[45] CARR M E,BAGBY M O.Preparation of cationic starch ether：a reaction efficiency study[J].Starch-stärke,1981,33(9):310-312.

[46] HEBEISH A,HIGAZY A,EL-SHAFEI A,et al.Synthesis of carboxymethyl cellulose(CMC) and starch-based hybrids and their applications in flocculation and sizing[J].Carbohydrate polymers,2010,79(1):60-69.

第 4 章　油水两亲性淀粉变性程度的研究

4.1　引言

在淀粉大分子链中,每个脱水葡萄糖单元都有大量游离的活性羟基在 2、3 和 6 位碳上保留着,其中反应活性相对高的羟基在 6 位碳上。当取代反应发生时,首先是 6 位碳上的羟基与取代基反应,随着反应程度的加深,其他位置的羟基才陆续反应[1]。取代度是表示淀粉变性程度的主要指标,是指在每个脱水葡萄糖单元中活性的羟基被取代的平均数目。根据淀粉大分子上可以被取代的羟基数目可知,淀粉大分子的取代度范围为 0~3。影响淀粉取代度的因素较多,其中受取代基量、反应条件、工艺路线等因素影响较大。对于淀粉取代度与制备工艺之间关系研究的报道比较多[2-6],相关研究比较成熟。取代度与产品性能之间的关系密切,取代度越大表明该淀粉大分子羟基上的氢被取代越多,淀粉的变性程度也就越大。取代度的大小决定着淀粉在某一个方面的性能被改变的程度。对淀粉的取代度与产品性能之间关系的研究,也有诸多的文献报道[7-12]。

在本书第 3 章的研究中,已经探明了在一定的变性程度下油水两亲性官能团摩尔比值对淀粉浆料性能的影响规律,但对于油水两亲性变性程度尚未进行研究。在一定油水两亲性官能团摩尔比值下,季铵阳离子-辛烯基琥珀酸酯淀粉的变性程度是否越大越好,变性程度对油水两亲性淀粉的上浆性能影响如何,尚不明确。为此,在第 3 章的研究基础上,本章将在给定的油水两亲性官能团摩尔比值下,考察季铵阳离子-辛烯基琥珀酸酯油水两亲性淀粉的变性程度对淀粉浆液性能、黏附性能和浆膜性能的影响,探索适宜的油水两亲性变性程度范围,为这类油水两亲性变性淀粉在纺织浆料领域的应用提供研究基础。

4.2　实验部分

4.2.1　实验材料和仪器

本章所用到的主要实验材料和仪器参见本书第 2 章和第 3 章。

4.2.2　季铵阳离子-辛烯基琥珀酸酯淀粉的制备与表征

（1）淀粉的制备

按照本书第 2 章介绍的方法，对玉米原淀粉进行精制和酸解。

按照本书第 3 章介绍的方法，制备季铵阳离子-辛烯基琥珀酸酯油水两亲性淀粉，备用。

（2）淀粉浆膜的制备

按照本书第 2 章介绍的方法，制备季铵阳离子-辛烯基琥珀酸酯油水两亲性淀粉浆膜，备用。

（3）淀粉的表征

按照本书第 2 章介绍的方法，分别计算季铵阳离子-辛烯基琥珀酸酯淀粉亲水性取代基和亲油性取代基的取代度。

按照本书第 3 章介绍的方法，分别计算季铵阳离子-辛烯基琥珀酸酯淀粉亲水性取代基和亲油性取代基的反应效率。

对季铵阳离子-辛烯基琥珀酸酯淀粉、酸解淀粉和玉米原淀粉表面喷金处理后，用日本日立公司 S-4800 型扫描电子显微镜观察淀粉颗粒的表面形态，放大倍数为 2 000 倍。

4.2.3　季铵阳离子-辛烯基琥珀酸酯淀粉的黏附性能

（1）黏度及黏度热稳定性测试

按照本书第 2 章介绍的方法，测试季铵阳离子-辛烯基琥珀酸酯淀粉浆液的黏度和黏度热稳定性。

（2）黏附力测试

按照本书第 2 章介绍的方法，测试季铵阳离子-辛烯基琥珀酸酯淀粉浆液的黏附力，计算黏合强度。

（3）表面张力测试

按照本书第 2 章介绍的方法，测试季铵阳离子-辛烯基琥珀酸酯淀粉浆液的表面张力。

（4）Zeta 电位测试

按照本书第 3 章介绍的方法，测试季铵阳离子-辛烯基琥珀酸酯淀粉浆液的 Zeta 电位。

4.2.4　季铵阳离子-辛烯基琥珀酸酯淀粉的浆膜性能

（1）厚度测试

按照本书第 3 章介绍的方法，测试季铵阳离子-辛烯基琥珀酸酯淀粉浆膜的厚度。

（2）力学性能测试

按照本书第 3 章介绍的方法，测试季铵阳离子-辛烯基琥珀酸酯淀粉浆膜的断裂强度、断裂伸长率和断裂功。

（3）耐磨性能测试

按照本书第 2 章介绍的方法，测试季铵阳离子-辛烯基琥珀酸酯淀粉浆膜的耐磨性。

（4）耐屈曲性能测试

按照本书第 3 章介绍的方法，测试季铵阳离子-辛烯基琥珀酸酯淀粉浆膜的耐屈曲性。

（5）水溶时间测试

按照本书第 3 章介绍的方法，测试季铵阳离子-辛烯基琥珀酸酯淀粉浆膜的水溶时间。

（6）膨润率测试

按照本书第 3 章介绍的方法，测试季铵阳离子-辛烯基琥珀酸酯淀粉浆膜的膨润率。

（7）回潮率测试

按照本书第 3 章介绍的方法，测试季铵阳离子-辛烯基琥珀酸酯淀粉浆膜的回潮率。

4.2.5　季铵阳离子-辛烯基琥珀酸酯淀粉的生物降解性

按照本书第 3 章介绍的方法，测试季铵阳离子-辛烯基琥珀酸酯淀粉的生物降解性。

4.3　结果与讨论

4.3.1　季铵阳离子-辛烯基琥珀酸酯油水两亲性淀粉表征分析

（1）变性程度

不同变性程度的淀粉油水两亲化反应参数见表 4-1。

表 4-1　不同变性程度的淀粉油水两亲化反应参数

变性程度	$P_o/\%$	亲油性取代基		亲水性取代基	
		OSA 用量/mL	DS_o	CHPTMA 用量/g	DS_h
0.015	66.7	4.5	0.010	1.8	0.005
0.029	69.0	11.0	0.020	3.5	0.009
0.051	70.6	33.0	0.036	6.0	0.015
0.076	68.4	82.5	0.052	11	0.024

P_o 为亲油性取代基占总取代基的摩尔百分比，给定 P_o 理论值为 70.6%，P_o 实测值在 66.7%～70.6% 之间变化，表示该体系油水两亲性淀粉在相似的油水两亲性官能团摩尔比值下，随着亲水性和亲油性取代基试剂用量的增大，亲水性和亲油性基团取代度相应增大，季铵阳离子-辛烯基琥珀酸酯油水两亲性淀粉的变性程度增大。

（2）反应效率

不同油水两亲性官能团摩尔比值的淀粉合成反应效率见表 4-2。

表 4-2　不同油水两亲性官能团摩尔比值的淀粉合成反应效率

变性程度	亲油性取代基		亲水性取代基	
	DS_o	反应效率/%	DS_h	反应效率/%
0.015	0.010	75.8	0.005	80.6
0.029	0.020	62.0	0.009	74.6
0.051	0.036	37.2	0.015	72.5
0.076	0.052	21.5	0.024	63.3

随着亲水性取代基和亲油性取代基取代度的增大,两种反应的反应效率均降低,这是因为随着变性程度的增大,淀粉分子链上的活性羟基数目减少,羟基上的氢与反应基团之间的碰撞概率下降,从而导致反应效率降低。

由表 4-2 可知,当亲油性取代基取代度超过 0.036 时,亲油性取代基的反应效率下降明显;当亲油性取代基取代度为 0.052 时,亲油性取代基的反应效率只达到 21.5%。因此,考虑到反应效率的影响,亲油性取代基的取代度不宜过大。

(3)扫描电镜分析

扫描电子显微镜分析是一种直接观察样品形貌结构的有效方法,淀粉的扫描电镜图如图 4-1 所示。其中,图 4-1(a)是原淀粉的扫描电镜图;图 4-1(b)是酸解淀粉的扫描电镜图;图 4-1(c)和(d)是不同变性程度的季铵阳离子-辛烯基琥珀酸酯淀粉颗粒扫描电镜图,变性程度分别为 0.029 和 0.051。

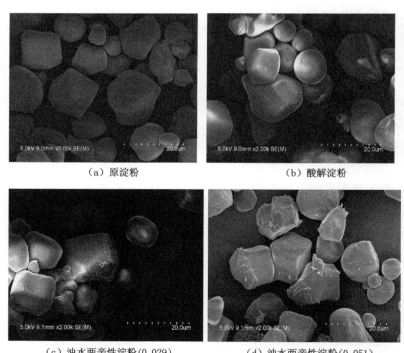

(a)原淀粉　　　　　　　　　　　　　(b)酸解淀粉

(c)油水两亲性淀粉(0.029)　　　　　(d)油水两亲性淀粉(0.051)

图 4-1　淀粉颗粒扫描电镜图

由图 4-1 可以看出,原淀粉和酸解淀粉颗粒表面较光滑,结构紧密。油水两亲化改性后的季铵阳离子-辛烯基琥珀酸酯淀粉仍旧呈现颗粒状态,但淀粉颗粒表面粗糙、结构松散,受到了一定程度的损害。这是由于油水两亲化改性均主要发生在淀粉颗粒的表面,同时反应体系中的碱性条件也对淀粉颗粒表面造成一定程度的损伤。随着变性程度的增大,淀粉颗粒表面发生的变化越显著,表面损伤越明显。

4.3.2 变性程度对淀粉黏附性能的影响

4.3.2.1 对黏度和黏度热稳定性的影响

变性程度对淀粉浆液黏度和黏度热稳定性的影响如图 4-2 所示。

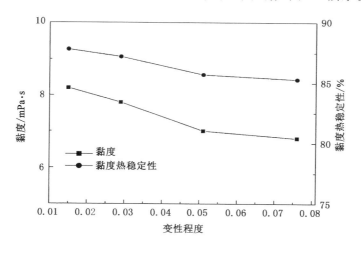

图 4-2 变性程度对淀粉浆液黏度和黏度热稳定性的影响

由图 4-2 可知,在相似的亲水亲油取代基比例下,随着变性程度的增大,季铵阳离子-辛烯基琥珀酸酯油水两亲性变性淀粉的黏度减小,但减小的幅度并不大。随着变性程度的增大,油水两亲性变性淀粉的黏度热稳定性略有减小,但始终保持在 85% 以上,能够满足经纱上浆对黏度和黏度稳定性的要求。

4.3.2.2 对黏附力的影响

变性程度对油水两亲性淀粉浆液黏附性能的影响如图 4-3 所示。

由图 4-3 可知,随着变性程度的增大,季铵阳离子-辛烯基琥珀酸酯油水两亲性淀粉浆液对棉纤维和涤纶纤维的黏合强度均增大。当变性程度小于

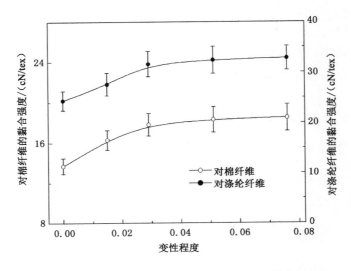

图 4-3　变性程度对油水两亲性淀粉浆液黏附性能的影响

0.026时,随着变性程度的增大,该油水两亲性淀粉浆液的黏合强度显著提高;当变性程度超过0.051之后,黏合强度的改善不再明显。这就说明,在一定范围内提高变性程度有利于改善该油水两亲性淀粉的黏附性能。因此,季铵阳离子-辛烯基琥珀酸酯油水两亲性淀粉的变性程度在 0.026~0.051 之间为宜。

众所周知,淀粉是一种主要由直链淀粉和支链淀粉两种聚合物组成的非均质的材料[13-14]。在糊化过程中淀粉颗粒溶胀破碎,最终形成颗粒碎片分散在连续相中的胶状溶液。颗粒碎片主要成分是支链淀粉,连续相为直链淀粉的水溶液[15-17]。在一定温度下,溶解于水中的直链淀粉很容易老化,形成大分子聚集体。由于溶胀的淀粉颗粒和大分子聚集体的存在,而使得淀粉液体变成非均相,影响淀粉浆液在纱线纤维表面的润湿和铺展,造成界面破坏[18]。此外,淀粉浆液干燥后是一种脆性材料,并且随着淀粉浆液的逐渐干燥,纤维表面的淀粉浆液将产生体积收缩,这种收缩会导致干燥后的脆性淀粉浆料与纤维间形成的胶结界面层以及界面层内部产生一定的内应力和应力集中。对淀粉的黏附性而言,内应力、应力集中、润湿和扩散不完全都是不利于黏附性的因素[19-20]。因此,淀粉对纤维表现出较差的黏附性。

为了改善淀粉的黏附性,在淀粉大分子链上引入亲水性和亲油性取代基,干扰淀粉羟基的缔合,阻碍淀粉分子链间的有序排列,对胶结层产生内增塑作用。引入的亲水亲油取代基能吸收一定的水分,水分能对淀粉胶结层起到增塑作用[21],有利于降低内应力和应力集中。同时,引入的亲水亲油取代基由于空间位阻效应,在淀粉胶结层形成过程中可以有效地干扰淀粉大分子链的有序排列,缓解淀粉浆液呈现非均相形态,能增强淀粉浆液在纤维表面的润湿和扩散。由此可见,对淀粉进行油水两亲性改性有利于提高淀粉的黏附性能。随着变性程度的增加,上述作用逐渐增强,促使季铵阳离子-辛烯基琥珀酸酯油水两亲性淀粉对纤维的黏合强度逐渐增加。

此外,表面张力的高低对淀粉浆液在纤维表面的润湿和铺展具有重要作用。变性程度对油水两亲性淀粉浆液表面张力的影响如图 4-4 所示。

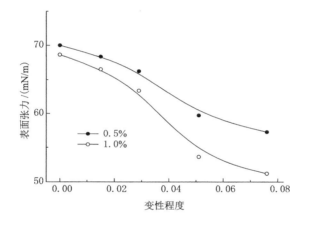

图 4-4　变性程度对油水两亲性淀粉浆液表面张力的影响

由图 4-4 可知,随着变性程度的增大,油水两亲性淀粉浆液的表面张力在逐渐降低。在亲水亲油取代基摩尔比相近的情况下,增加油水两亲性淀粉的变性程度,引入的亲水性取代基和亲油性取代基逐渐增多,季铵阳离子-辛烯基琥珀酸酯油水两亲性淀粉的油水两亲性逐渐增强,表面活性随之增强,表面张力逐渐降低,较低的表面张力导致油水两亲性淀粉浆液对纤维表面的润湿作用加强,同时对纤维内部的扩散作用也随之增强,淀粉对纤维的黏合性能改善。因此,在相似的亲水亲油取代基摩尔比值下,随着油水两亲化变性程度的增大,季铵阳离子-辛烯基琥珀酸酯油水两亲性淀粉对纤维的黏合强度逐渐增大,淀粉浆料的黏附性能提高。

4.3.3　变性程度对淀粉浆膜性能的影响

4.3.3.1　对浆膜力学性能和回潮率的影响

变性程度对油水两亲性淀粉浆膜力学性能的影响如图 4-5 所示。

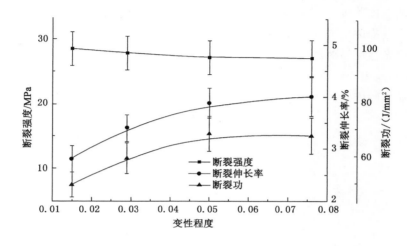

图 4-5　变性程度对油水两亲性淀粉浆膜力学性能的影响

由图 4-5 可知,随着油水两亲性淀粉变性程度的增加,季铵阳离子-辛烯基琥珀酸酯淀粉浆膜的断裂强度下降,断裂伸长率增大,浆膜的断裂功先增大,在变性程度为 0.051 时达到最大,随后变化平缓。

淀粉是一种大分子的聚合物,分子量高。淀粉大分子中的葡萄糖单元呈环状结构,同时淀粉大分子中存在较多的羟基,这些结构上的特征导致淀粉分子链的柔顺性差、分子间作用力强、分子的刚性大,因此原淀粉的浆膜缺点是硬而脆、浆膜的断裂伸长小、断裂强度大,不能很好地满足上浆时要求浆膜柔韧的要求。对原淀粉进行油水两亲化改性,随着变性程度的增大,在淀粉大分子链上所引入的季铵阳离子基团和辛烯基琥珀酸酯基增多,油水两亲性淀粉浆膜的断裂强度降低,浆膜断裂伸长率变大。

变性程度对油水两亲性淀粉浆膜回潮率的影响如图 4-6 所示。

由图 4-6 可知,随着变性程度的增大,季铵阳离子-辛烯基琥珀酸酯油水两亲性淀粉大分子链上引入的亲水性基团也随之增多,油水两亲性淀粉浆膜的回潮率增大,浆膜的吸湿性增大。在取代度达到 0.051 后,随着变性程度的

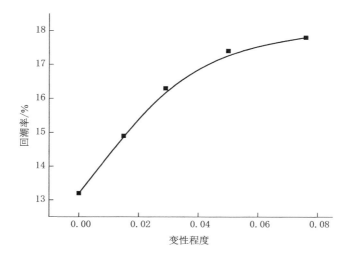

图 4-6　变性程度对油水两亲性淀粉浆膜回潮率的影响

增大,淀粉浆膜回潮率增大的速度变得缓慢。

综上所述,淀粉大分子链上所引入的季铵阳离子基团和辛烯基琥珀酸酯基随着油水两亲性淀粉变性程度的增大而增多,引入的基团具有空间位阻作用,这将会干扰淀粉大分子间羟基的缔合作用,淀粉大分子间的氢键作用力降低,增大了淀粉分子间的距离,减小了分子间的作用力,所以对淀粉浆膜的增韧效果增加,淀粉浆膜的柔韧性变好。随着油水两亲性淀粉变性程度的增大,引入的亲水性基团增多,油水两亲性淀粉浆膜的回潮率增大,这表明淀粉浆膜中吸收的水分增多,而水对于淀粉浆膜来说是一种良好的增塑剂[22],由于水分子可以减弱淀粉分子间的作用力,能够增加淀粉分子间的流动性,浆膜的柔韧性也随水分子增多而得以提高。因此,淀粉的油水两亲化变性程度的增大,对季铵阳离子-辛烯基琥珀酸酯淀粉浆膜性能的改善是积极的,对浆膜的增韧作用是有效的。

4.3.3.2　对浆膜耐磨性和耐屈曲性的影响

变性程度对油水两亲性淀粉浆膜耐磨性的影响如图 4-7 所示。

由图 4-7 可知,随着变性程度的增大,季铵阳离子-辛烯基琥珀酸酯油水两亲性淀粉浆膜的磨耗降低,耐磨性能得到改善。当变性程度小于 0.051 时,随着变性程度的增加,该油水两亲性淀粉浆膜的磨耗下降比较明显,耐磨性改

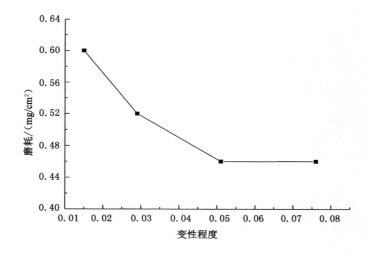

图 4-7　变性程度对油水两亲性淀粉浆膜耐磨性的影响

善比较显著；当变性程度大于 0.051 时，随着变性程度的增加，油水两亲性淀粉浆膜的磨耗变化不大，耐磨性无明显改善。

变性程度对油水两亲性淀粉浆膜耐屈曲性的影响如图 4-8 所示。

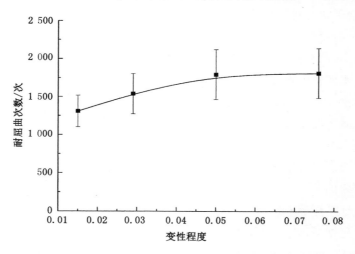

图 4-8　变性程度对油水两亲性淀粉浆膜耐屈曲性的影响

由图 4-8 可知,随着变性程度的增大,季铵阳离子-辛烯基琥珀酸酯油水两亲性淀粉浆膜的耐屈曲次数增加,耐屈曲性变好。当变性程度小于 0.051 时,随着变性程度的增大,该油水两亲性淀粉浆膜的耐屈曲次数增加比较明显;当变性程度大于 0.051 时,随着变性程度的增大,该油水两亲性淀粉浆膜耐屈曲次数变化不大。

综上所述,随着淀粉油水两亲化变性程度的增大,季铵阳离子-辛烯基琥珀酸酯淀粉浆膜的耐磨性和耐屈曲性均得到改善。这是因为随着变性程度的增大,油水两亲性淀粉大分子中引入的亲水性和亲油性基团越多,基团的空间位阻作用越大,而空间位阻效应减小了淀粉大分子间的作用力,增大了分子间的距离;同时,这些基团的引入还降低了分子间的氢键缔合作用。此外,随着变性程度的增大,油水两亲性淀粉浆膜的回潮率增大,水分含量增多。在这些因素的共同作用下随着变性程度的增大,季铵阳离子-辛烯基琥珀酸酯油水两亲性淀粉浆膜的脆性得到改善,柔韧性变好,浆膜的耐磨性和耐屈曲性均有所提高。

4.3.3.3　对浆膜水溶时间和膨润率的影响

变性程度对油水两亲性淀粉浆膜水溶时间的影响见表 4-3,变性程度对油水两亲性淀粉浆膜膨润率的影响如图 4-9 所示。

表 4-3　变性程度对油水两亲性淀粉浆膜水溶时间的影响

变性程度	水溶时间		厚度	
	平均值/s	CV/%	平均值/mm	CV%
0.015	160	20.2	0.098	8.24
0.029	132	23.8	0.096	8.69
0.050	112	25.9	0.097	8.78
0.076	98	21.3	0.097	9.85

淀粉浆膜的水溶时间和膨润率都是反映淀粉浆料退浆效果的指标之一,浆膜的水溶时间越短,表明浆膜在水中溶解的时间越短,退浆时纱线在水的作用下浆膜易于从纱线上退除而溶解于水中。浆膜的膨润率越大,表明浆膜吸收水分的能力越强,越容易退浆。由表 4-3 可知,随着油水两亲化变性程度的

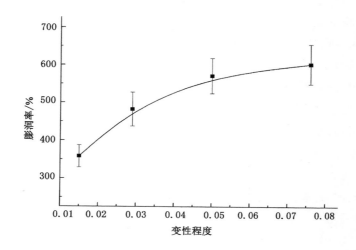

图 4-9 变性程度对油水两亲性淀粉浆膜膨润率的影响

增大,季铵阳离子-辛烯基琥珀酸酯油水两亲性淀粉的水溶时间缩短。由图 4-9 可知,随着变性程度的增大,季铵阳离子-辛烯基琥珀酸酯油水两亲性淀粉浆膜的膨润率增大。

随着油水两亲性变性程度的增大,淀粉大分子链上所引入的季铵阳离子基团和辛烯基琥珀酸酯基增多,这就导致了空间位阻效应增大,从而干扰了淀粉分子链上羟基之间的缔合,有序性下降,水分子能更加容易地进入淀粉大分子间,淀粉浆膜的溶胀断裂速度加快。除此之外,油水两亲化改性引入的季铵阳离子基团具有良好的亲水性,随着油水两亲化变性程度的增加,淀粉大分子链上的季铵阳离子基团增多,淀粉的亲水性提高,因此油水两亲性淀粉浆膜吸收的水分相应增多,膨润率随之增大。所以,随着油水两亲化变性程度的增大,季铵阳离子-辛烯基琥珀酸酯淀粉浆膜的水溶时间缩短,膨润率增大。对淀粉进行油水两亲化改性,能使淀粉浆膜在退浆时更多地吸收水分并缩短水溶时间,有利于淀粉浆料的退浆。

4.3.4 变性程度对淀粉生物降解性的影响[23]

变性程度对油水两亲性淀粉生物降解性的影响见表 4-4。

表 4-4　变性程度对油水两亲性淀粉生物降解性的影响

变性程度	$BOD_5/(mgO_2/L)$	$COD/(mgO_2/L)$	BOD_5/COD
0.015	36.4	103.8	0.351
0.029	35.7	105.1	0.340
0.051	35.2	107.8	0.327
0.076	34.2	118.4	0.288

随着油水两亲化变性程度的增大,季铵阳离子-辛烯基琥珀酸酯淀粉的生物降解性有所下降。物质的降解有两种方式[24]:一种是从端基降解,另一种是在主链上随机降解,淀粉大分子的降解这两种形式都有。变性程度的增大导致油水两亲性淀粉生物降解性下降的原因主要为:一方面,由于阳离子官能团具有一定的抑菌作用,引入的季铵阳离子基团会抑制细菌的生长;另一方面,微生物降解淀粉的场所在细菌的细胞膜上[25],因此,微生物降解淀粉的过程中,淀粉必须与微生物接触。由于在淀粉中引入的亲油性取代基具有疏水性,因而变性程度越大,疏水性越强,这将会导致浆液中淀粉分子链的无规线团收缩,从而降低和淀粉分子链与微生物接触的概率,不利于微生物的降解。此外,随着变性程度的增大,所引入的亲油性取代基增多,淀粉的疏水性随之增大,而淀粉疏水性越强越不易于生物降解[26-28]。当变性程度大于 0.051 时,BOD_5/COD 的值小于 0.3,淀粉从可生物降解变成不易生物降解。所以,季铵阳离子-辛烯基琥珀酸酯油水两亲性淀粉的变性程度不宜超过 0.051。

4.4　本章小结

(1) 在给定的油水两亲性官能团摩尔比值下,改变 CHPTMA 和 OSA 对淀粉的用量,制备了一系列具有不同变性程度的季铵阳离子-辛烯基琥珀酸酯油水两亲性变性淀粉。随着油水两亲化变性程度的增大,反应效率均降低,当亲油性取代基取代度超过 0.036 时,亲油性取代基的反应效率降低显著。考虑到反应效率,亲油性取代基的变性程度不宜超过 0.036。

(2) 在给定的油水两亲性官能团摩尔比值下,随着油水两亲化变性程度的增大,季铵阳离子-辛烯基琥珀酸酯油水两亲性淀粉的黏度减小,黏度热稳定性均高于 85%，满足淀粉浆料的使用要求。油水两亲性淀粉浆液对棉纤维和涤纶纤维的黏合强度均增大。当变性程度小于 0.026 时，随着变性程度的增大，淀粉浆液的黏合强度增大幅度较大；当变性程度大于 0.051 时，随着变性程度的增大，黏合强度增大不明显。在改善淀粉浆料黏附性能方面，油水两亲性淀粉的变性程度在 0.026～0.051 之间为宜。

（3）在给定的油水两亲性官能团摩尔比值下，随着油水两亲化变性程度的增大，季铵阳离子-辛烯基琥珀酸酯油水两亲性淀粉浆膜的断裂伸长率和断裂功增加，浆膜更加柔韧；油水两亲性淀粉浆膜的水溶时间缩短，膨润率增大，有利于淀粉浆料的退浆。当变性程度大于 0.051 时，油水两亲性淀粉浆膜的耐磨性和耐屈曲性改善不明显。

（4）在给定的油水两亲性官能团摩尔比值下，随着油水两亲化变性程度的增大，季铵阳离子-辛烯基琥珀酸酯油水两亲性淀粉的生物降解性下降。当变性程度大于 0.051 时，BOD_5/COD 的值小于 0.3，淀粉从可生物降解变成不易生物降解。考虑到淀粉浆料的环保性能，油水两亲性淀粉的变性程度不宜超过 0.051。

（5）综合考虑淀粉的合成反应效率、黏附性能、浆膜性能和生物降解性，季铵阳离子-辛烯基琥珀酸酯油水两亲性淀粉的变性程度在 0.026～0.051 之间为宜。

参考文献

[1] 李燕.类水滑石/阳离子淀粉分散体系的吸附及流变学研究[D].济南：山东大学,2008.

[2] 张淑芬,朱维群,杨锦宗.高取代度羧甲基淀粉的合成及应用研究 Ⅱ.高取代度羧甲基淀粉的应用[J].精细化工,1999,16(4):57-60.

[3] HEINZE T,LIEBERT T,HEINZE U,et al.Starch derivatives of high degree of functionalization 9：carboxymethyl starches [J].Cellulose,2004,11(2):239-245.

[4] HEINZE T,HAACK V,RENSING S.Starch derivatives of high degree of functionalization.7.preparation of cationic 2-hydroxypropyltrimethyl-ammonium chloride starches[J].Starch-stärke,2004,56(7):288-296.

[5] HEINZE T,RENSING S,KOSCHELLA A.Starch derivatives of high degree of functionalization. 13. novel amphiphilic starch products[J]. Starch-stärke,2007,59(5):199-207.

[6] BRATSKAYA S Y,GENEST S,PETZOLD-WELCKE K,et al.Flocculation efficiency of novel amphiphilic starch derivatives: a comparative study[J]. Macromolecular materials and engineering, 2014, 299 (6): 722-728.

[7] SAARTRAT S,PUTTANLEK C,RUNGSARDTHONG V,et al.Paste and gel properties of low-substituted acetylated canna starches[J].Carbohydrate polymers,2005,61(2):211-221.

[8] ZHU Z F,XU D S,GUO J S,et al.Comparative study on sizing properties of amphoteric starch and phosphorylated starch for warp sizing[J].Fibers and polymers,2012,13(2):177-184.

[9] ZHU Z F,CHENG Z Q.Effect of inorganic phosphates on the adhesion of mono-phosphorylated cornstarch to fibers[J].Starch-stärke,2008,60 (6):315-320.

[10] KRENTZ D O,LOHMANN C,SCHWARZ S,et al.Properties and flocculation efficiency of highly cationized starch derivatives[J].Starch-stärke,2006,58(3-4):161-169.

[11] LIN Q Q,LIANG R,ZHONG F,et al.Effect of degree of octenyl succinic anhydride(OSA)substitution on the digestion of emulsions and the bioaccessibility of β-carotene in OSA-modified-starch-stabilized-emulsions[J].Food hydrocolloids,2018,84:303-312.

[12] GOCLIK V,MISCHNICK P.Determination of the DS and substituent distribution of cationic alkyl polyglycosides and cationic starch ethers by GLC after dealkylation with morpholine[J].Carbohydrate research, 2003,338(8):733-741.

[13] BERTOLINI A C. Trends in starch applications[M]. Florida: CRC Press,2009.

[14] WANG T L,BOGRACHEVA T Y,HEDLEY C L.Starch:as simple as A,B,C? [J].Journal of experimental botany,1998,49(320):481-502.

[15] 扶雄,黄强.食用变性淀粉[M].北京:中国轻工业出版社,2016.

[16] DOUBLIER J L,LLAMAS G,LE MEUR M.A rheological investigation of cereal starch pastes and gels.Effect of pasting procedures[J].Carbohydrate polymers,1987,7(4):251-275.

[17] WONG R B K,LELIEVRE J.Rheological characteristics of wheat starch pastes measured under steady shear conditions[J].Journal of applied polymer science,1982,27(5):1433-1440.

[18] KAWAI F,IGARASHI K,KASUYA F,et al.Proposed mechanism for bacterial metabolism of polyacrylate[J].Journal of environmental polymer degradation,1994,2(2):59-65.

[19] WU S H.Polymer interface and adhesion[M].New York:Marcel Dekker,1982.

[20] 周永元.纺织浆料学[M].北京:中国纺织出版社,2004.

[21] JANSSON A,THUVANDER F.Influence of thickness on the mechanical properties for starch films[J].Carbohydrate polymers,2004,56(4):499-503.

[22] HU G F,CHEN J Y,GAO J P.Preparation and characteristics of oxidized potato starch films[J].Carbohydrate polymers,2009,76(2):291-298.

[23] 徐珍珍,祝志峰,李伟,等.季铵醚化-辛烯基琥珀酸酯化淀粉浆料的稳定性及生物降解性[J].现代化工,2018,38(7):107-111.

[24] CHEN L,GORDON S H,IMAM S H.Starch graft poly(methyl acrylate)loose-fill foam:preparation,properties and degradation[J].Biomacromolecules,2004,5(1):238-244.

[25] KAWAI F,IGARASHI K,KASUYA F,et al.Proposed mechanism for bacterial metabolism of polyacrylate[J].Journal of environmental polymer degradation,1994,2(2):59-65.

[26] CHANDRA R,RUSTGI R.Biodegradable polymers[J].Progress in polymer science,1998,23(7):1273-1335.

[27] KAPLAN D L,HARTENSTEIN R,SUTTER J.Biodegradation of polystyrene,poly(metnyl methacrylate),and phenol formaldehyde[J].Applied and environmental microbiology,1979,38(3):551-553.

[28] EUBELER J P,BERNHARD M,KNEPPER T P.Environmental bio-
degradation of synthetic polymers Ⅱ. Biodegradation of different
polymer groups[J].Trends in analytical chemistry,2010,29(1):84-100.

第 5 章　油水两亲性淀粉浆料的上浆性能

5.1　引言

在经纱上浆过程中,调配好的浆液被放置于浆纱机的浆槽中,经纱在浆槽中经受反复的浸浆和压浆作用,浆液通过润湿纤维表面而黏附在经纱上,同时在上浆辊和压浆辊的挤压作用下,浆液向经纱内部渗透[1]。

良好的上浆加工能增大经纱强度,贴服经纱表面的毛羽,使得经纱的弹性和柔软性得到保持,有利于后道织造工序的正常进行[2-3]。上浆的质量指标主要分为浆纱质量和织轴卷绕质量两部分,本章主要讨论浆纱质量。

本章研究季铵阳离子-辛烯基琥珀酸酯油水两亲性变性淀粉的上浆性能,选取的原纱为涤/棉为 65/35,13.1 tex 的涤/棉混纺纱。对于涤/棉混纺纱上浆来说,优先考虑浆料对纱线的黏附性能。基于本书第 3 章和第 4 章的研究结果,当油水两亲性淀粉结构为亲油性取代基占总取代基的摩尔百分比为 70.6%、变性程度为 0.051 时,淀粉浆料对涤纶纤维和棉纤维的黏合强度最佳。本章采用该结构的季铵阳离子-辛烯基琥珀酸酯油水两亲性变性淀粉浆料,通过对涤/棉混纺纱的上浆性能研究,评价油水两亲性淀粉浆料在浆纱生产中应用的可行性,为这类淀粉在纺织浆料领域中的实际应用提供实验依据。

5.2　实验部分

5.2.1　实验仪器与材料

（1）实验仪器

本章使用的主要实验仪器见表 5-1。

表 5-1 主要实验仪器

仪器名称	型号	生产厂家
单纱浆纱机	GA392	江阴通源纺机有限公司
纤维抱合力仪	Y-731	南能宏大实验仪器厂
电子单纱强力机	HD021E＋	南能宏大实验仪器厂
光电投影计数式毛羽测试仪	YG172	陕西长岭纺织机电厂
扫描电子显微镜	Quanta-200	荷兰 FEI 公司

（2）实验材料

纱线：涤/棉为 65/35，13.1 tex，安徽华茂纺织股份有限公司。

淀粉浆料：酸解淀粉，季铵阳离子-辛烯基琥珀酸酯淀粉，制备方法参见本书第 2 章和第 3 章。

5.2.2 浆纱实验

本实验采用单纱上浆的方式，浆纱实验在 GA392 型单纱浆纱机上进行。称取 200 g 季铵阳离子-辛烯基琥珀酸酯淀粉和酸解淀粉，再分别配置浓度为 10％的淀粉乳，在水浴锅中将淀粉乳加热至 95 ℃，保温 1 h，再继续保温 4 h，浆液制备完成。

5.2.3 浆槽中的浆液质量

（1）浆液浓度

浆液的浓度常采用烘干法来测定。用取样勺在调浆桶或浆槽内取一定量的浆液，为防止水分蒸发，取样后立即倒入瓶内加盖密封。冷却至 40～50 ℃，然后在已干燥恒重并称量的蒸发皿中迅速称取一定量（25 g 左右）浆液（精确至 0.01 g），蒸发皿放入沸水浴中，蒸发出大部分水分，再放入烘箱内于 105～110 ℃温度下烘至质量不再变化，取出蒸发皿放入干燥器内冷却至室温。同时做一平行实验，取两次实验的算术平均值。根据烘干前后的质量，按下式计算出浆液的浓度：

$$c = \frac{B - W}{A - W} \times 100\%$$ (5-1)

式中　　c——浆液的浓度；

　　　　A——蒸发皿和浆液的质量，g；

　　　　B——烘干后浆液和蒸发皿的质量，g；

　　　　W——蒸发皿的干燥质量，g。

（2）浆液黏度和黏度热稳定性

浆液黏度和黏度热稳定性测试方法见本书第 2 章。

（3）浆液 pH 值

用 pH 计测试浆液的 pH 值。

（4）浆液温度

水银温度计经校正后，插入浆液中部，测定浆液的温度。

5.2.4　季铵阳离子-辛烯基琥珀酸酯淀粉浆料的浆纱性能

（1）上浆率

经纱上的浆料干重与原纱干重的百分比称为经纱上浆率，用来反映经纱上浆量的大小。本书使用退浆法测试浆纱的上浆率，具体方法如下：称取一定量浆纱样品，在温度为 105～110 ℃的烘箱内烘至浆纱质量不再发生变化，干燥冷却后称重（精确至 0.01 g）。采用硫酸退浆法将浆纱样品放置在沸腾的蒸馏水中煮 10 min，再放入浓度为 0.12 mol/L 的稀硫酸溶液中煮 30 min，取出样品，用热水漂洗，用稀碘液检验浆料是否退净，反复煮洗，直至样品对碘无显色反应为止。最后将已退浆并清洗干净的样品放入 105～110 ℃的烘箱里烘干，冷却后称重，记录退浆后的经纱干重（精确至 0.01 g）。按下式计算上浆率：

$$S = \frac{G - G_{\circ}}{G_{\circ}} \times 100\% \tag{5-2}$$

式中　　S——经纱上浆率；

　　　　G——浆纱的干燥质量，g；

　　　　$G_{\circ}$——原纱的干燥质量，g。

（2）浆纱增强率和减伸率

浆纱增强率和减伸率是指经纱经过上浆后，纱线断裂强力的增大程度和断裂伸长率的减小程度。在标准大气条件下，上浆后的经纱经过 24 h 静置平衡，浆纱的断裂伸长率和断裂强力在 HD021E＋型电子单纱强力仪上进行测

试,各重复测试 50 次,分别求其平均值。按以下两式计算增强率和减伸率:

$$D = \frac{P_\circ - P}{P} \times 100\% \tag{5-3}$$

$$Z = \frac{E_\circ - E}{E} \times 100\% \tag{5-4}$$

式中　D——浆纱的增强率,%;

　　　$P_\circ$——浆纱的平均断裂强力,cN;

　　　P——原纱的平均断裂强力,cN;

　　　Z——浆纱的减伸率,%;

　　　$E_\circ$——50 根原纱的平均断裂伸长率,%;

　　　E——50 根浆纱的平均断裂伸长率,%。

（3）耐磨性

在织造加工时,经纱需要反复承受强烈的机械摩擦力,如果经纱的耐磨性不好,纱线就有可能断裂,给织造加工带来严重影响[4-5],因此,经纱的耐磨性是衡量其承受摩擦作用的能力指标[6],经纱的耐磨性在实际生产中尤为重要,对经纱进行上浆是提高其耐磨性的有效手段,因此,对浆料的性能来说,需要结合上浆来评价其耐磨性。耐磨性可以用耐磨次数和增磨率两个指标表示。经纱耐磨性在 Y-731 型纤维抱合力仪上进行测定。每组样品重复测试 50 次,记录纱线磨断时的摩擦次数,取平均值。按下式计算浆纱增磨率:

$$M = \frac{N_\circ - N}{N} \times 100\% \tag{5-5}$$

式中　M——浆纱增磨率,%;

　　　$N_\circ$——浆纱平均耐磨次数;

　　　N——原纱平均耐磨次数。

（4）毛羽降低率

浆纱表面的毛羽贴伏程度一般用毛羽降低率来表示。一般来说,3 mm以上的毛羽被认为是有害毛羽[7-8]。用 YG172 型纱线毛羽测试仪测试经纱毛羽,记录毛羽根数(≥3 mm)。毛羽指数是指单位长度的纱线(10 cm)内单侧3 mm 以上的毛羽根数;毛羽降低率是指浆纱与原纱相比,浆纱的毛羽指数减少值与原纱毛羽指数之比。按下式计算毛羽降低率:

$$J = \frac{M_\circ - M}{M} \times 100\% \tag{5-6}$$

式中　J——浆纱的毛羽降低率，％；

　　　M_0——原纱毛羽指数平均值；

　　　M——浆纱毛羽指数平均值。

5.2.5　季铵阳离子-辛烯基琥珀酸酯淀粉浆料的退浆性能

淀粉浆料的退浆性能用退浆效率来表示。本实验采用酶退浆工艺测试退浆效率。首先配制退浆酶液：BF-7658 淀粉酶 2 g/L、渗透剂 JFC 2 g/L、NaCl 溶液 5 g/L，浴比为 1：50。酶液的 pH 值用醋酸调节为 6.5～7。

经纱退浆工艺：在 60 ℃温度下，将浆纱浸入酶液中，且 60 ℃保温堆置 1 h，水洗至经纱表面无淀粉黏附，然后将洗净的经纱置于烘箱中烘至恒重，冷却，称重。按下式计算退浆效率：

$$F = \frac{W_1 - W_2}{W_1 - W} \times 100\% \tag{5-7}$$

式中　F——退浆效率；

　　　W——原纱的质量，g；

　　　W_1——浆纱的质量，g；

　　　W_2——退浆后的经纱质量，g。

5.2.6　季铵阳离子-辛烯基琥珀酸酯淀粉浆料的混溶性

将季铵阳离子-辛烯基琥珀酸酯油水两亲性淀粉浆液与浆纱助剂（聚丙烯浆料、浆纱油剂、十二烷基苯磺酸钠）按 1：1 的摩尔比混合，将浓度为 6％的混合浆液在 95 ℃温度下保持 1 h 后冷却至室温，分别在 1 h、3 h 和 24 h 观察浆液的分层及沉淀情况[9]。

5.3　结果与讨论

5.3.1　涤/棉混纺纱质量分析

本浆纱实验选用涤/棉混纺纱线，涤/棉混纺纱型号：13.1 tex、65/35，其质量指标见表 5-2。

表 5-2　涤/棉混纺纱线质量指标

断裂强度		断裂伸长率		毛羽指数	耐磨次数
平均值/(cN/tex)	CV/%	平均值/%	CV/%	(≥3 mm)	/次
25.21	8.45	10.01	11.24	8.2	30.3

由表 5-2 可知,涤/棉混纺纱的断裂强度、断裂伸长率、毛羽指数和耐磨次数分别为 25.21 cN/tex、10.01%、8.2 根/10 cm、30.3 次。

5.3.2　浆液质量分析

在实际浆纱生产中,浆液由一种或几种黏合剂和若干种助剂组成,在水溶液中调制而成的。浆液质量与性能对浆纱质量与性能至关重要,因此好的浆液质量是获得预期上浆效果的基本条件。浆液的质量指标主要包括浆液的温度、浆液的黏度、浆液的酸碱度、浆液的含固率。在本实验中,为了防止其他因素给浆纱效果带来影响,准确评价季铵阳离子-辛烯基琥珀酸酯油水两亲性淀粉的实际浆纱性能,采用 100% 淀粉浆,不加入其他浆料和助剂。

浆液温度是浆纱工艺的一个重要参数。在调浆时,浆液温度需达到淀粉的完全糊化温度,这样才可以调制出均匀且稳定的浆液。在上浆时,浆液对纱线的渗透性受到浆液流动性的影响,而浆液的流动性能受到浆液温度的影响。同时,浆液的温度还应根据纤维的特性而进行调整。

浆液黏度是表示浆液流动性的指标,浆液黏度影响着纱线的上浆率。在浆纱过程中,不仅要保证合适的浆液黏度,同时还需要保持浆液黏度的稳定性。

浆液的 pH 值反映了浆液中氢离子浓度的大小。pH 值影响浆液的上浆性能和纱线性能,同时还会影响浆纱机零部件的使用情况。淀粉在酸性条件下会水解,从而影响浆液的黏度以及对纤维的黏附力,棉纤维上浆 pH 值在 7~8 之间,合成纤维不宜使用碱性较强的浆液,因此综合考虑,该浆液 pH 值呈中性较适宜。

浆液浓度又称含固率,是浆液中浆料的干量与浆液质量的百分比。浆液浓度是影响上浆率的主要因素。

浆槽浆液质量指标见表 5-3。

表 5-3 浆槽浆液质量指标

浆料品种	浆液温度 /℃	浆液黏度 /mPa·s	浆液 pH 值	浆液浓度	
				理论值/%	实际值/%
酸解淀粉	95	7.9	7	10	10.1
季铵阳离子-辛烯基琥珀酸酯淀粉	95	6.2	7.1	10	10.4

由表 5-3 可知,使用酸解淀粉和季铵阳离子-辛烯基琥珀酸酯油水两亲性淀粉对涤/棉混纺纱进行上浆,浆液温度均保持在 95 ℃,pH 值呈中性,浆液的含固率理论值和实际值相差不大。

5.3.3　季铵阳离子-辛烯基琥珀酸酯淀粉基本性能指标

季铵阳离子-辛烯基琥珀酸酯淀粉基本性能指标见表 5-4。

表 5-4　季铵阳离子-辛烯基琥珀酸酯淀粉基本性能指标

指标	酸解淀粉	油水两亲性淀粉
外观	白色粉末	白色粉末
气味	无味	无味
pH 值	6.8	7.1
含水率/%	8.8	9.5
变性程度	0	0.051
P_o/%	/	70.6

由表 5-4 可知,季铵阳离子-辛烯基琥珀酸酯淀粉是无味的白色粉末,pH 值接近中性,含水率为 9.5%,变性程度为 0.051,亲油性取代基占总取代基的百分比为 70.6%。

5.3.4　季铵阳离子-辛烯基琥珀酸酯淀粉浆料浆纱性能分析

本浆纱实验在 GA392 型单纱浆纱机上完成,浆纱实验工艺参数见表 5-5。

表 5-5　浆纱实验参数

淀粉品种	上浆方式	烘筒温度/℃	浆纱机速度/(m/min)
酸解淀粉	单浸单压	85	20
季铵阳离子-辛烯基琥珀酸酯淀粉	单浸单压	85	20

由表 5-5 可知,上浆方式采用单浸单压,烘筒温度为 85 ℃,浆纱机速度选择 20 m/min。

淀粉浆料对涤/棉混纺纱浆纱性能的影响见表 5-6。

表 5-6　淀粉浆料对涤/棉混纺纱的浆纱性能

淀粉品种	上浆率/%	增强率/%	减伸率/%	毛羽降低率/%	增磨率/%
酸解淀粉	11.4	15.7	23.9	72.5	253
季铵阳离子-辛烯基琥珀酸酯淀粉	12.2	18.4	20.2	79.8	337

与酸解淀粉浆料上浆相比,经纱在油水两亲性淀粉浆料上浆后,涤/棉混纺纱浆纱的增强率提高了 2.7%,毛羽降低率提高了 7.3%,增磨率提高了 84%,而减伸率降低了 3.7%。

淀粉经过两亲性改性处理后,在淀粉大分子链上同时引入了亲水性的季铵阳离子基团和亲油性的辛烯基琥珀酸酯基,淀粉大分子呈现油水两亲性的典型特征,油水两亲性淀粉的表面活性变强、表面张力降低,较低的表面张力有利于淀粉浆液对纱线的润湿和在纱线表面的铺展,有利于提高淀粉浆料的黏附性;其次,由于引入取代基的空间位阻作用和亲水性取代基所吸收的水,能对淀粉与涤/棉纤维间的胶结层起到增塑作用[10-11],有助于降低胶结层的内应力和应力集中[12];取代基的亲水性可以提高淀粉的水分散性,有助于改善淀粉浆液在纤维表面的润湿和铺展,对黏合有利;再次,根据相似相容原理,两亲性淀粉改性有助于提高淀粉对涤/棉纤维的黏附性,所以季铵阳离子-辛烯基琥珀酸酯淀粉对纤维的黏附性好于酸解淀粉。用改性后的油水两亲性淀粉浆料浆纱,浆料对纱线的黏合能力强,不仅使得经纱内纤维间的抱合力得到增强,提高了浆纱的增强率,而且浆膜与纱体间的结合变得更牢固,提高了经纱的耐磨性[13]。因而,采用油水两亲性淀粉对涤/棉混纺纱进行上浆,能明显提高浆纱增强率、耐磨次数和毛羽降低率。此外,应用油水两亲性淀粉上浆降低了浆纱的减伸率,减伸率的降低主要原因是在淀粉大分子链上引入亲水性和亲油性取代基后,不仅提高了浆膜的亲水性,而且取代基对淀粉分子起到了空间位阻效应,从而对纤维间淀粉胶结层起到了增塑作用,提高了其浆纱的韧性。

5.3.5 季铵阳离子-辛烯基琥珀酸酯淀粉浆料退浆性能分析

在纺织工业中,为了后续染色、印花和整理工序的顺利进行,必须对浆纱进行退浆。淀粉浆料对涤/棉混纺纱退浆性能的影响见表 5-7。

表 5-7 淀粉浆料对涤/棉混纺纱退浆性能的影响

淀粉品种	退浆效率/%
酸解淀粉	93.1
季铵阳离子-辛烯基琥珀酸酯淀粉	93.5

由表 5-7 可知,季铵阳离子-辛烯基琥珀酸酯淀粉的退浆效率略高于酸解淀粉。前期的研究结果显示,改性后的油水两亲性淀粉与酸解淀粉相比较,油水两亲性淀粉的水溶时间缩短,膨润率增大,纤维上黏附的淀粉浆料在退浆热水作用下易于被溶胀,溶胀后的淀粉浆料与纤维之间的作用力降低,有利于浆料被水冲洗干净,所以其退浆效率略高。

5.3.6 季铵阳离子-辛烯基琥珀酸酯淀粉浆料浆纱 SEM 结果分析

涤/棉原纱和淀粉浆料浆纱的 SEM 测试结果如图 5-1 所示。其中,图 5-1(a)为涤/棉原纱,图 5-1(b)为酸解淀粉浆料浆纱,图 5-1(c)为季铵阳离子-辛烯基琥珀酸酯油水两亲性淀粉浆料浆纱。由图中可以清晰地看出,涤/棉原纱的表面毛羽较多,且不伏贴,纱体结构松散。经浆纱后的涤/棉纱,毛羽得到了很好的贴伏,纱体结构紧密。油水两亲性淀粉浆料浆纱毛羽明显少于酸解淀粉浆料浆纱,且纱线表面光滑、纱体结构紧密,均好于酸解淀粉浆料浆纱,这表明淀粉经过油水两亲性改性后,其上浆性能得到了优化,能够更有效地将经纱表面的毛羽贴伏,降低经纱毛羽,改善纱线整体结构。

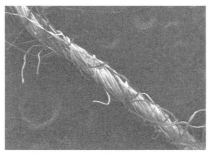
（a）涤/棉原纱

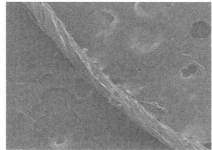
（b）酸解淀粉浆料浆纱

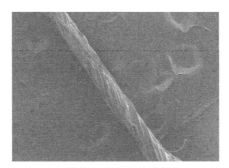
（c）油水两亲性淀粉浆料浆纱

图 5-1　涤/棉原纱和淀粉浆料浆纱的 SEM 测试结果图

5.3.7　季铵阳离子-辛烯基琥珀酸酯淀粉浆料混溶性分析

在实际的浆纱过程中,比较常见的是由几种浆料以及助剂配合在一起使用,而不是采用单一的浆料品种,可以在性能上互相补充,满足浆纱的特定需要。因此,某种浆料和其他浆料品种以及浆纱之间的混溶性也是在实际生产中是否能够应用的重要指标之一。本书采用的混溶性测试为直接观察法,将多组分浆料以及浆纱助剂按要求调浆,静置一段时间,观察液体的分层情况,如果浆液的流动性较差,混合浆液将溶液分层并产生沉淀,说明这几种浆料之间的相容性较差,会严重影响到浆纱效果[9]。

淀粉与常用浆纱助剂的混溶性结果见表 5-8。

表 5-8　淀粉与常用浆纱助剂混溶性结果

混合液种类	混合液静置时间		
	1 h	3 h	24 h
酸解淀粉与常用助剂混合液	未分层、未沉淀	未分层、未沉淀	分层、出现沉淀
油水两亲性淀粉与常用助剂混合液	未分层、未沉淀	未分层、未沉淀	未分层、未沉淀

　　由表 5-8 中淀粉与常用浆纱助剂混合液静置后的现象可知,季铵阳离子-辛烯基琥珀酸酯淀粉浆料与常用浆纱助剂的混溶性良好,混合浆液在 1 h、3 h 和 24 h 后均未出现分层和沉淀现象。这是由于糊化后的油水两亲性淀粉浆料大分子呈分散状态,且分散均匀,助剂中的阴离子物质对整个大分子的分散状态影响不大。酸解淀粉与浆纱助剂混合浆液在静置 24 h 后出现了部分沉淀,这是由于酸解淀粉老化所造成的。而淀粉经过油水两亲化改性后,淀粉的抗老化性能得到明显提高,因此季铵阳离子-辛烯基琥珀酸酯淀粉与常用浆纱助剂混合浆液静置 24 h 后仍未见明显分层[9]。

5.4　本章小结

　　(1)浆纱实验表明,季铵阳离子-辛烯基琥珀酸酯油水两亲化改性能够显著提高淀粉对涤/棉混纺纱的浆纱性能。浆纱的增强率、增磨率和毛羽降低率提高,减伸率降低。由此可见,这种油水两亲性变性淀粉浆料在涤/棉混纺纱上浆中的应用是可行的。

　　(2)淀粉油水两亲化改性后,季铵阳离子-辛烯基琥珀酸酯淀粉的退浆效率高,使用这种油水两亲性变性淀粉浆料进行浆纱,有利于织物在之后整理工序中的退浆。

　　(3)淀粉经油水两亲性改性后,季铵阳离子-辛烯基琥珀酸酯淀粉与常用的阴离子浆纱助剂之间的混溶性好,为这类油水两亲性变性淀粉浆料在实际浆纱生产中的应用提供了良好的基础。

参考文献

[1] 周永元.纺织浆料学[M].北京:中国纺织出版社,2004.

［2］MOSTAFA K M,EL-SANABARY A A.Carboxyl-containing starch and hydrolyzed starch derivatives as size base materials for cotton textiles ［J］.Polymer degradation and stability,1997,55(2):181-184.

［3］GOSWAMI B C,ANANDJIWALA R D,HALL D M.Textile sizing［M］. New York:CRC Press,2004.

［4］朱谱新,郑庆康,陈松,等.经纱上浆材料［M］.北京:中国纺织出版社,2005.

［5］祝志峰.纺织工程化学［M］.上海:东华大学出版社,2010.

［6］姚桂芬.基于浆纱质量的经纱可织性预测研究［D］.上海:东华大学,2005.

［7］洪仲秋.纱线毛羽的成因与控制［J］.棉纺织技术,2006,34(5):1-4.

［8］綦玉清,马立波.剖析浆纱毛羽的产生与控制［J］.山东纺织科技,2001,42(6):10-11.

［9］徐珍珍,祝志峰,李伟,等.季铵醚化-辛烯基琥珀酸酯化淀粉浆料的稳定性及生物降解性［J］.现代化工,2018,38(7):107-111.

［10］JANSSON A,THUVANDER F.Influence of thickness on the mechanical properties for starch films[J].Carbohydrate polymers,2004,56(4):499-503.

［11］ZHU Z F,WANG M.Effects of starch maleation and sulfosuccination on the adhesion of starch to cotton and polyester fibers[J].Journal of adhesion science and technology,2014,28(10):935-949.

［12］BIKERMAN J J,MARSHALL D W.Adhesiveness of polyethylene mixture[J].Journal of applied polymer science,1963,7(3):1031-1040.

［13］祝志峰.浆料黏附性能概述［J］.棉纺织技术,2006,34(2):28-31.

第6章　油水两亲性淀粉浆料取代 PVA 上浆的生产实践

6.1　引言

聚乙烯醇，又称 PVA，是聚醋酸乙烯在甲醇中进行醇解而制得的产物。PVA 的上浆性能优越，主要表现在于 PVA 浆料无论是对天然纤维还是合成纤维都有良好的黏附性能；PVA 的浆膜强度较高，特别是断裂伸长率高，并且浆膜的柔韧性、耐磨性和耐屈曲性都非常好；PVA 浆料与淀粉浆料混合使用，表现出良好的增塑作用，在淀粉浆料里加入少量的 PVA 就能很好地改善淀粉浆膜的脆性[1]。因此，PVA 浆料一度被认为是"最理想"的浆料之一，长期以来被广泛应用于涤/棉混纺纱和高支高密织物上浆中[2]。但是，使用 PVA 上浆的缺点也是显而易见的，由于 PVA 的自然分解速度极慢，且化学需氧量高，难以生物降解[3-4]，造成退浆废水对环境的污染比较大，退浆废水处理成本增高[5-6]。退浆比其他浆料困难，退浆不彻底对织物印染后的质量有所影响。浆纱干分绞时浆膜撕裂严重，造成二次毛羽增多[7]。特别是近年来欧美国家陆续发布对使用 PVA 产品的禁止令，国内环保政策也在不断升级，浆纱工程中无 PVA 上浆的理念越来越受到重视，对可取代 PVA 的环保浆料研究是科研人员的努力方向。

根据近年来浆料的发展趋势，目前取代 PVA 浆料的首选材料仍然是环境友好型且价格低廉的淀粉浆料。由于原淀粉及现有的变性淀粉浆料在浆纱性能上还无法与 PVA 相抗衡[8-9]，因此开发新的高性能变性淀粉浆料是研究取代 PVA 的主要思路之一[10]，采用的主要方法可以有以下几种[7,11-15]：提高淀粉的变性程度来提高淀粉浆料的上浆质量，通过完善接枝淀粉的接枝技术和优化接枝单体的选择提高取代 PVA 的比例,用多重变性的方式取长补短提高淀粉的使用性能,将两种或两种以上的变性淀粉组合浆料,采用变性淀粉和聚丙烯酸(酯)浆料的混合等。

本书所开发的季铵阳离子-辛烯基琥珀酸酯油水两亲性变性淀粉,由于在淀粉大分子链上同时引入了亲水性基团和亲油性基团,赋予该淀粉油水两亲的特性,表面活性强,表面张力低,能很好地润湿和铺展,前期研究证明该变性淀粉的浆纱性能优良。为了进一步考察油水两亲性淀粉在实际浆纱生产中取代 PVA 的可行性,本章探索季铵阳离子-辛烯基琥珀酸酯油水两亲性淀粉浆料在浆纱生产实践中的应用,先在工厂进行中试合成放大,制备季铵阳离子-辛烯基琥珀酸酯油水两亲性变性淀粉,然后将其应用在涤/棉混纺纱高支高密织物品种的浆纱生产中,取代部分上浆配方中的 PVA,采用与原配方进行比较的方式,考察季铵阳离子-辛烯基琥珀酸酯油水两亲性变性淀粉在取代 PVA 生产中的实际上浆效果,为油水两亲性淀粉在取代 PVA 上浆生产应用中奠定基础。

6.2 实验部分

6.2.1 原材料和生产设备

(1) 原材料

玉米淀粉:山东诸城兴贸玉米开发有限公司生产,工业级。

辛烯基琥珀酸酐:工业级,黄色透明液体,纯度≥99%,黏度 45 mPa・s,广州启华化工有限公司生产。

固体氢氧化钠:沧州国合化工产品有限公司生产。

固体盐酸:常州市旭宏化工有限公司生产。

其余主要化学试剂参见本书第 2 章。

(2) 生产设备

本章主要生产设备见表 6-1,其他测试设备见本书第 5 章。

表 6-1　主要生产设备

设备分类	设备名称	设备型号	生产厂家
淀粉中试合成	不锈钢电加热反应釜	SSR-F1000L	佛山市南海金泰机械设备有限公司
	干燥机	XSG-14	常州力马干燥科技有限公司
	甩干机	TG-1500	张家港市润星机械厂
	粉碎机	XYN-超微粉碎机	潍坊新亚能粉体设备有限公司
浆纱和织造生产	浆纱机	HS-40	日本津田驹
	喷气织机	TY-710	日本丰田株式会社

6.2.2　季铵阳离子-辛烯基琥珀酸酯淀粉的中试生产

季铵阳离子-辛烯基琥珀酸酯淀粉中试合成在合肥塞夫特淀粉有限公司进行,具体生产工艺如下:两步法生产油水两亲性淀粉。第一步干法制备季铵阳离子淀粉,将玉米原淀粉与固体盐酸按一定比例在电加热反应釜中混合,常温搅拌反应 0.5 h,即得酸解淀粉;随后向反应体系里喷入一定量的 3-氯-2-羟丙基三烷基氯化铵水溶液,加少量固体氢氧化钠调节反应体系 pH 值为弱碱性,加热升温至反应体系温度为 50 ℃,搅拌反应 1.5 h,即制得季铵阳离子淀粉。第二步湿法制备,将第一步制备的季铵阳离子淀粉移入另一个电加热反应釜,加水至淀粉乳浓度为 40%,加入用乙醇稀释过的辛烯基琥珀酸酐溶液,加热保持反应体系温度为 50 ℃,搅拌反应 8 h,反应过程中用氢氧化钠维持反应体系的 pH 为弱碱性。两步反应过程中每隔半小时测试反应体系的 pH 值和黏度,根据反应进行情况适当调整反应条件。反应结束后,测试反应体系的 pH 值,中和至 7,然后将制得的淀粉在甩干机中脱水 15 min,热风烘干,粉碎至 120 目,装袋。

季铵阳离子-辛烯基琥珀酸酯淀粉的中试合成生产工艺路线如图 6-1 所示。

6.2.3　季铵阳离子-辛烯基琥珀酸酯淀粉浆料质量指标检测

在合肥塞夫特淀粉有限公司实验室,根据浆料检测标准,对中试生产的季铵阳离子-辛烯基琥珀酸酯油水两亲性淀粉的含水率、pH 值、黏度和黏度热稳

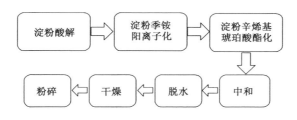

图 6-1　生产工艺路线

定性、亲水亲油取代基的取代度进行检测。

6.2.4　取代 PVA 的浆纱实验

为了考察季铵阳离子-辛烯基琥珀酸酯油水两亲性淀粉取代 PVA 的浆纱性能,采用两种浆料配方进行浆纱实验,其中一种浆料配方为目前工厂常用配方(含 PVA),另一种用 JX-01 取代 PVA,原纱选用涤/棉为 65/35、60S,安徽华茂纺织有限公司生产。浆纱实验在 GA392 型单纱浆纱机上进行,测试浆纱的上浆率、增强率、减伸率、毛羽降低率、增磨率。

6.2.5　取代 PVA 的浆纱生产

根据取代 PVA 的实验结果,综合考虑试浆织物浆纱要求,与原浆纱生产配方进行对比,考察季铵阳离子-辛烯基琥珀酸酯油水两亲性淀粉浆纱情况。浆纱在日本津田驹 HS-40 型浆纱机上完成,浆纱机速度 60 m/min。

6.2.6　织造生产

选用涤/棉高支高密品种进行试浆纱的织造生产,考察季铵阳离子-辛烯基琥珀酸酯油水两亲性淀粉浆料取代 PVA 的浆纱效果。

试浆织物品种:T/C 60×60,173×84,105″3/1 斜纹,该品种主要用于高档床上用品。

织造在芜湖强力纺织有限公司进行,织机采用日本丰田公司 TY-710 型喷气织机,织机速率 620 r/min。

6.3 结果与讨论

6.3.1 季铵阳离子-辛烯基琥珀酸酯淀粉的质量指标

季铵阳离子-辛烯基琥珀酸酯淀粉的质量指标见表 6-2。

表 6-2 季铵阳离子-辛烯基琥珀酸酯淀粉质量指标

项目	质量指标	实测指标
外观	白色粉末	白色粉末
含水率	≤14%	9.5%
pH 值	7	7
黏度(6%,95 ℃)/mPa·s	6.5	6.8
黏度热稳定性	≥85%	89.3%
取代度	0.05	0.052
亲水基取代度	0.015	0.016
亲油基取代度	0.035	0.036

在工厂中试制备的油水两亲性淀粉含水率为 9.5%,pH 值为 7,黏度为 6.8 mPa·s,黏度热稳定性 89.3%,淀粉的变性程度 0.052,其中亲水基取代度 0.016,亲油基取代度 0.036。产品定型为 JX-01。

该中试生产过程顺利,中试生产的季铵阳离子-辛烯基琥珀酸酯淀粉质量实测指标达到预期设定的质量指标,该生产工艺切实可行。

6.3.2 季铵阳离子-辛烯基琥珀酸酯淀粉浆纱质量指标

取代 PVA 浆纱实验采用两种浆料配方对比,浆料配方见表 6-3。

表 6-3　浆料配方表

配方	PVA1799 /kg	JX-01 /kg	OS /kg	GS-202 /kg	GS-300 /kg	抗静电剂 /kg
配方 1	37.5	0	75	5	3	1.5
配方 2	0	37.5	75	5	3	1.5

由表 6-3 可知,浆料配方 1 组成成分:PVA(PVA1799)37.5 kg、氧化淀粉(OS)75 kg、固体丙烯酸浆料(GS-202)5 kg、蜡片(GS-300)3 kg;浆料配方 2 组成成分:JX-01 37.5 kg、OS 75 kg、GS-202 5 kg、GS-300 3 kg。两个浆料配方的区别就在于配方 2 用本研究中试合成的油水两亲性淀粉 JX-01 完全取代了配方 1 中的 PVA,其他浆料配方不变,以此来考察 JX-01 取代 PVA 的上浆效果。

取代 PVA 浆纱实验的浆纱质量指标见表 6-4。

表 6-4　浆纱质量指标

项目	配方 1	配方 2
浆槽温度	95	95
浆槽黏度/mPa·s	11	8.5
含固量/%	12.5	12.5
回潮率/%	3.0	4.5
pH 值	7	7
上浆率/%	13.0	13.0
增强率/%	31	32
减伸率/%	37.8	35
毛羽降低率/%	75	82
增磨率/%	323	374
BOD_5/COD	0.08	0.31

由表 6-4 可知,用 JX-01 完全取代 PVA 的浆料配方 2 的浆纱结果显示,其浆纱增强率、毛羽降低率、增磨率均有提高,而减伸率略有降低,使用配方 2 的浆料 BOD_5/COD 值比配方 1 的 BOD_5/COD 值大幅度提高。

用本研究中试生产的油水两亲性变性淀粉取代 PVA 的浆纱实验结果表明,该油水两亲性淀粉浆料的上浆性能比较优越,浆纱的增强率、毛羽降低率、增磨率均有所提高,而减伸率略有下降。分析原因,在本书前期研究中已经充分论证了油水两亲性淀粉对纤维的黏附性能和浆膜性能均表现优良;用油水两亲性淀粉取代 PVA 的浆料配方,淀粉浆料对纱线的润湿和铺展更好,渗透性好,因而浆纱的增强率提高。此外,由于 PVA 与淀粉之间的互溶性往往表现并不好,用淀粉取代 PVA 避免了这个不利因素,多种浆料成分的互溶性提高,淀粉浆液比淀粉与 PVA 的混合浆液更加均匀,因此用淀粉取代 PVA 的浆料配方在经纱表面的成膜均匀,浆膜完整,因而浆纱的增磨率提高。淀粉浆料对纱线毛羽的贴服效果好,用淀粉取代 PVA 的浆料配方中淀粉的使用量增加,导致了浆纱的毛羽降低率提高,同时毛羽的有效贴服也提升了浆纱的耐磨性。浆纱的减伸率降低,表明浆纱的柔韧性增加,这也是在油水两亲性淀粉取代 PVA 的浆料配方中,淀粉的油水两亲化改性有效提升了淀粉浆膜的柔韧性,可以取代 PVA 在浆料配方中对浆膜的增韧效果。使用淀粉取代 PVA,BOD_5/COD 值大幅度升高,浆料由生物降解性差变成可生物降解,大幅度提高了浆料的生物降解性。由此可见,使用变性淀粉浆料取代 PVA 浆纱,对纺织行业的退浆废水治理有着重要意义。

综合来看,使用工厂中试生产的季铵阳离子-辛烯基琥珀酸酯油水两亲性淀粉 JX-01 取代 PVA 的上浆,其浆纱的综合质量有所提高,浆料的可生物降解性提高,对环境保护有利。

6.3.3 取代 PVA 的上浆生产工艺分析

上浆生产浆料配方见表 6-5。根据该织物品种要求:T/C 60×60,173×84,105″3/1 斜纹,该品种属于涤/棉混纺高支高密品种,其织造的难度和浆纱难度均较大,采用的原配方和实验配方对比,以此考察 JX-01 在该品种浆纱上取代部分 PVA 的实际效果。

表 6-5 上浆生产浆料配方表

配方	PVA1799 /kg	PVA205 /kg	HDP-70 /kg	OS /kg	WAX /kg	JX-01 /kg
原配方	37.5	10	50	25	3	0
实验配方	12.5	0	50	25	3	37.5

原配方组成和用量:PVA 1799 37.5 kg、PVA 205 10 kg、酯化淀粉(HDP-70) 50 kg、氧化淀粉(OS) 25 kg、蜡片(WAX) 3 kg。实验配方组成和用量: PVA 1799 12.5 kg、HDP-70 50 kg、OS 25 kg、WAX 3 kg、JX-01 37.5 kg,实验配方中用 JX-01 取代了全部 PVA 205 和三分之二的 PVA 1799 用于该品种浆纱。

取代 PVA 的浆纱生产工艺见表 6-6。在该品种经纱上浆中,采用实验配方取代了原配方中的全部 PVA 205 和三分之二的 PVA1799 上浆,根据浆纱品种要求,煮浆时采用高压煮浆,以保证浆液均匀并且完全糊化。调浆工艺如下:打开高压调浆桶开关,设定调浆桶温度,加水,按配方缓慢逐一投入浆料,加热煮浆,煮浆温度 110 ℃,闷浆,闷浆时间 15 min,将煮好的浆液放入常压调浆桶,校正浓度、黏度、定积、定浓、定黏,95 ℃保温 0.5 h 后使用。

表 6-6 浆纱生产工艺

项目	原配方	实验配方
煮浆方式	高压	高压
煮浆温度/℃	110	110
闷浆时间/min	20	15
供应桶黏度/mPa·s	10	9
浆液温度/℃	95	95
浆液黏度/mPa·s	7	6.8
含固率/%	13	13
浆液 pH 值	7	7
浆纱方式	双浸双压	双浸双压
浆纱机速度/(m/min)	60	60
实际上浆率/%	13.5	13.5
实际回潮率/%	3.5	4.5

浆料经调浆后的测试结果表明:供应桶黏度和浆液黏度低,保证了浆液的流动性能较好,促使浆液可以在纱线的表面均匀被覆,并且在压浆辊的作用下有利于浆液向纱线的内部渗透,达到有效贴伏毛羽、增加纱线强力的目的。

取代 PVA 的上浆生产中的织物品种涤/棉为 65/35 双组分混纺纱,经纬纱纱支为 60S,纱的细度细,经密为 681 根/10 cm,纬密为 330 根/10 cm,经纬密密度大,总经根数为 18 162 根,总经根数多,属于高支高密织物品种,织造难度大,因此对浆料质量要求高,浆纱难度大。该品种经纱上浆要求毛羽贴服良好,并且不产生二次毛羽,同时浆纱要有良好的耐磨性。经上浆实验的结果观察,实验配方的浆料在纱线表面均匀覆盖,形成完整的浆膜,表面毛羽贴服,纱身光滑,浆纱手感柔软,分纱容易,没有产生二次毛羽,浆纱时产生的落浆较少,浆纱质量高。

6.3.4　织造效果分析

实验配方的织造效果见表 6-7。

表 6-7　实验配方的织造效果

项目	原配方	实验配方
织机效率	89.2%	91.3%
布机经纱断头/(根/台时)	1	0.75
布机纬纱断头/(根/台时)	2.5	2
开口状况	开口清晰	开口清晰

由表 6-7 可知,使用原配方和实验配方浆纱进行织造,织机的开口均清晰,织机效率分别达到 89.2% 和 91.3%,布机经纱断头分别为 1 根/台时和0.75 根/台时,布机纬纱断头分别为 2.5 根/台时和 2 根/台时。

使用 JX-01 取代原配方中全部 PVA205 和三分之二的 PVA1799,经过实验配方浆纱,该品种的织机效率比原浆纱配方提高了 2.1%,布机的经纱断头和纬纱断头均有所降低,显然织造效果略优于原配方浆纱。

6.3.5　浆纱成本分析

取代 PVA 的浆纱成本见表 6-8。

表 6-8　取代 PVA 的浆纱成本

项目	原配方/元	实验配方/元
每米浆纱用浆成本	0.29	0.26
成本比较	/	−0.03

由表 6-8 可知,原配方的每米浆纱用浆成本是 0.29 元,用 JX-01 取代了原配方中全部的 PVA205 和三分之二的 PVA1799,该实验配方的浆料成本是每米浆纱用浆成本 0.26 元,JX-01 按照每吨 9 000 元价格估算,使用实验配方的每米浆纱用浆成本节约了 0.03 元。

6.4　本章小结

(1) 在工厂进行的季铵阳离子-辛烯基琥珀酸酯油水两亲性淀粉中试生产过程顺利,产品质量达到预定指标,证明该生产工艺可以产业化。

(2) 在取代 PVA 的浆纱实验中,用中试生产的季铵阳离子-辛烯基琥珀酸酯油水两亲性淀粉完全取代 PVA,对 60S 涤/棉为 65/35 的混纺纱进行浆纱,浆纱增强率、毛羽降低率、增磨率均有所提高,而减伸率略有降低。取代 PVA 的浆料配方生物降解性大幅度提高。

(3) 在取代 PVA 的浆纱生产中,用中试生产的季铵阳离子-辛烯基琥珀酸酯油水两亲性变性淀粉取代全部的 PVA205 和三分之二的 PVA1799 的浆纱配方,在涤/棉高支高密混纺织物品种中进行实验,该品种的织机效率提高了 2.1 个百分点,浆纱成本每米降低了 0.03 元,因此油水两亲性淀粉的应用价值和应用前景较好。

参考文献

[1] 周永元.纺织浆料学[M].北京:中国纺织出版社,2004.

［2］ LINDEMANN M K. Vinyl acetate and the textile industry［J］. Textile chemist and colorist,1989,21(1):21-28.

［3］张斌,周永元.浆纱污染与环境保护［J］.棉纺织技术,2003,31（7）:17-20.

［4］ DIEHL M,SCHINDER W. Size recycling by ultrafiltration of size mixtures containing polyvinyl alcohol［J］. Melliand textileberiehte,1995,76（3）:129-134

［5］周永元.浆料化学与物理［M］.北京:纺织工业出版社,1985.

［6］张兴,堵国成,陈坚.聚乙烯醇降解酶研究进展［J］.中国生物工程杂志,2003,23(2):69-73.

［7］祝志峰,荣瑞萍.无 PVA 上浆研究进展［J］.棉纺织技术,2011,39(2):61-64.

［8］祝志峰.纺织工程化学［M］.上海:东华大学出版社,2010.

［9］ LI W,XU Z Z,ZHANG L Y,et al. Blending of quaternized cornstarch-g-poly（acrylic acid）（QS-g-PAA）with polyvinyl alcohol（PVA）to improve adhesion-to-fibres and film property of cornstarch for surface coating application［J］.Journal of polymer materials,2016,33(3):431-443.

［10］周永元.新型纤维上浆和纺织浆料新情况［J］.纺织导报,2004,（5）:70-72.

［11］ CHIELLINI E,CORTI A,SOLARO R.Biodegradation of poly(vinyl alcohol) based blown films under different environmental conditions［J］. Polymer degradation and stability,1999,64(2):305-312.

［12］ AHLMANN M, WALTER O, FRANK M, et al. Phosphino-functionalised acetals of polyvinyl alcohol as the matrix for the immobilisation of Rh-based pre-catalysts for interfacial catalysis［J］.Journal of molecular catalysis A:chemical,2006,249(1-2):80-92.

［13］ CAI Z S,QIU Y P,ZHANG C Y,et al.Effect of atmospheric plasma treatment on desizing of PVA on cotton ［J］.Textile research journal,2003,73(8):670-674.

［14］蔡永东.精纺毛纱上浆工艺［J］.纺织学报,2006,27(7):59-62.

［15］何小东,孙景涛,郭腊梅.涤棉混纺纱不用 PVA 上浆工艺探讨［J］.棉纺织技术,2003,31(7):9-12.

第7章　主要结论与展望

7.1　主要结论

　　本书首次将表面活性概念引入淀粉变性浆料领域。通过在淀粉大分子链上同时引入亲水性季铵阳离子基团和亲油性辛烯基琥珀酸酯基,使淀粉大分子具备典型的油水两亲性结构,降低了淀粉浆液的表面张力,有效提高了变性淀粉浆料的上浆性能。为了优化季铵阳离子-烯烷基琥珀酸酯油水两亲性变性淀粉的性能,本书研究了烯烷基琥珀酸酯基团结构的选择、油水两亲性官能团摩尔比值和油水两亲化变性程度对淀粉黏附性能和浆膜性能的影响,评价了该油水两亲性变性淀粉的上浆性能,并将其应用于取代PVA的浆纱生产中,得到的主要研究结论如下:

　　(1) 在淀粉大分子链上引入季铵阳离子基团和烯烷基琥珀酸酯基,不同碳链长度的烯烷基琥珀酸酯基对淀粉浆料的性能有明显影响。在季铵阳离子取代度不变时,随着烯烷基琥珀酸酯基碳链长度的减小,季铵阳离子-烯烷基琥珀酸酯淀粉对棉纤维和涤纶纤维的黏合强度均增大,淀粉浆膜的断裂强度、断裂伸长率、断裂功均增大,浆膜的磨耗降低。综合不同烯烷基琥珀酸酯基油水两亲性淀粉的浆液性能、黏附性能和浆膜性能,辛烯基琥珀酸酯基最适宜作为油水两亲性淀粉浆料的改性基团。

　　(2) 在淀粉大分子链上同时引入亲水性的季铵阳离子基团和亲油性的辛烯基琥珀酸酯基,制备的变性淀粉具备油水两亲性的特征,这种油水两亲性的改性方法有效地改善了淀粉的黏附性能和浆膜性能。随着亲油取代基占总取代基的摩尔比值 P_o 的增大,油水两亲性变性淀粉浆料对棉纤维和涤纶纤维的黏合强度先增大后减小,当 P_o 为70.6%时,对纤维的黏合强度达到最大值。随 P_o 的增大,油水两亲性淀粉浆膜的断裂伸长率和断裂功先增大后减小,当 P_o 为 52% 时,浆膜的断裂伸长率和断裂功达到最大值。对淀粉进行季铵阳离子-辛烯基琥珀酸酯油水两亲性改性,可以提高淀粉浆料的使用性能,综合考虑淀粉浆料的浆液性能、黏附性能和浆膜性能,引入的油水两亲性官能团摩尔比值 P_o 取在 50%～70% 之间为宜。

(3)在给定的油水两亲性官能团摩尔比值下:① 随着变性程度的增大,油水两亲性淀粉浆料对棉纤维和涤纶纤维的黏合强度均增大。当变性程度小于 0.026 时,随着变性程度的增大,黏合强度的增幅较大;但当变性程度大于 0.051 时,随着变性程度的增大,黏合强度的增幅减小。② 随着变性程度的增大,油水两亲性淀粉浆膜的断裂伸长率和断裂功增加,浆膜的水溶时间减小,膨润率增大,有利于淀粉退浆。当变性程度大于 0.051 时,淀粉浆膜的耐磨性和耐屈曲性改善不明显。③ 随着变性程度的增大,油水两亲性淀粉的生物降解性下降。当变性程度大于 0.051 时,淀粉由可生物降解变成不易生物降解。综合考虑淀粉浆料的浆液性能、黏附性能、浆膜性能和生物降解性,季铵阳离子-辛烯基琥珀酸酯油水两亲性淀粉的变性程度在 0.026～0.051 之间为宜。

(4)季铵阳离子-辛烯基琥珀酸酯油水两亲性变性能够显著提高淀粉对涤/棉混纺纱的浆纱性能,浆纱的增强率、增磨率和毛羽降低率高,减伸率低。油水两亲性淀粉的退浆效率高,使用该淀粉浆料浆纱有利于织物在后整理工序中的退浆。

(5)淀粉变性生产中试和浆纱生产实践证明,季铵阳离子-辛烯基琥珀酸酯油水两亲性淀粉中试生产稳定顺利,可以产业化。用季铵阳离子-辛烯基琥珀酸酯油水两亲性变性淀粉取代 PVA 浆纱,经涤/棉高支高密品种实验证实,取代了全部 PVA205 和三分之二的 PVA1799,织机效率提高了 2.1 个百分点,每米浆纱用浆成本降低了 0.03 元,季铵阳离子-辛烯基琥珀酸酯油水两亲性淀粉浆料的应用前景良好。

7.2 主要创新点

(1)本书提出对淀粉进行油水两亲性变性的理念。这种变性能够降低淀粉浆液的表面张力,可以有效提高变性淀粉的上浆性能。设计制备了季铵阳离子-辛烯基琥珀酸酯油水两亲性变性淀粉,并首次将油水两亲性变性淀粉应用于纺织经纱上浆实践。

（2）探明了油水两亲性官能团摩尔比值和油水两亲性变性程度与淀粉上浆性能之间的关系，确定了作为纺织浆料使用时，季铵阳离子-辛烯基琥珀酸酯油水两亲性淀粉适宜的变性程度范围和油水两亲性官能团摩尔比值范围。

（3）将油水两亲性淀粉应用于取代 PVA 的浆纱生产，完成了该淀粉浆料从实验室研究到工业化生产实践的全过程，论证了油水两亲性淀粉浆料的浆纱可行性，并且可以作为一种取代 PVA 的新型高性能环保浆料，有重要的应用价值。

7.3　展望

本书研究了季铵阳离子-烯烷基琥珀酸酯油水两亲性变性淀粉的上浆性能，确定了该变性淀粉适宜的油水两亲性官能团摩尔比值和变性程度，论证了油水两亲化改性淀粉作为纺织浆料使用的可行性，但还存在一些不足，需要在今后继续开展相关研究工作。

（1）本书仅对玉米淀粉进行了油水两亲化改性研究，对于性能更加优越的马铃薯淀粉未做研究，下一步拟在马铃薯淀粉变性上开展此类研究，探讨马铃薯淀粉油水两亲化改性对淀粉性能的影响。

（2）淀粉浆料的中试生产仅进行了一个批次，生产质量稳定性还有待进一步探讨。此外，对油水两亲性取代 PVA 的浆纱生产，仅在一个涤/棉混纺纱织物品种上进行了试浆，对于在其他品种上取代 PVA 的效果以及取代 PVA 的比例还有许多工作要做。